宮本武蔵

미야모토 무사시

오륜서
五輪書

김대환 옮김

잇북
it BOOK

## 바람의 권 · 131

미야모토 무사시와
《오륜서》· 159

땅의 권

# 서문

**내** 병법의 길을 니텐이치류二天一流라 명명하고, 다년간
에 걸쳐 단련해온 바를 이제야 비로소 책으로 펴내고자 한다.

때는 간에이寬永 20년(1643) 10월 상순, 규슈九州 히고肥後
지방의 이와도노 산岩戸山(구마모토시熊本市의 서쪽, 아리아케有明
해역에 면한 긴포 산金峰山)에 올라 하늘과 관음상을 향해 차례로
합장배례한 후 불단 앞에 섰다.

하리마播磨(효고현兵庫縣의 서남부) 태생의 무사, 신멘 무사시
노카미新免武藏守, 후지와라노 겐신藤原玄信은 세월이 흘러 나
이 예순이 되었다.

나는 어렸을 때부터 병법의 길에 뜻을 두고 열세 살 때 처
음 결투를 벌였다. 상대인 신토류新当流의 아리마 기헤에有間
喜兵衛라는 병법가와 승부를 겨뤄 이겼고, 이어서 열여섯 살

때 다지마但馬(효고 현의 북부) 지방의 아키야마秋山라는 강력한 병법가와 결투를 벌여 이겼다. 스물한 살 때 교토京都로 올라가 천하에 널리 이름난 병법가를 만나 수차례 승부를 겨뤘으나 승리를 거두지 못한 적은 없었다.

그 후 전국 방방곡곡을 두루 돌아다니며 여러 유파의 병법가와 만나 60여 차례나 대적하여 실력을 겨뤘지만 단 한 번도 패배를 당한 적은 없었다. 이는 내 나이 열세 살 때부터 스물여덟아홉 살 때까지 겪은 일들이다.

나이 서른을 넘기면서 나는 나의 지난 행적을 되돌아보았다. 그 결과 여러 병법가와 승부를 겨뤄서 이길 수 있었던 것은 결코 나의 병법이 정점에 이르렀기 때문이 아니라, 선천적으로 타고난 재능이 하늘의 이치에 합당했거나, 결투 상대의 병법이 충분하지 못했기 때문일지도 모른다는 사실을 깨달았다.

그 후 한층 더 심오한 이치를 깨닫고자 밤낮으로 쉬지 않고 무예를 연마한 끝에 나이 쉰이 되어서야 저절로 병법의 길의 진수를 터득할 수 있게 되었다.

그 후로는 딱히 탐구할 만한 길도 없어서 그저 하는 일 없이 세월을 보냈다. 병법의 이치에 따라 여러 재주와 재능을 연마하고 있는 까닭에 무슨 일에서든 내게 스승은 없다.

지금 이 책을 쓰면서도 불교와 유교에서 사용되는 옛말은 인용하지 않을 것이다. 뿐만 아니라 군서나 군법의 옛 기록물도 활용하지 않을 것이다. 니텐이치류에 대한 나의 견해 및 그 진실된 마음을 기록하고자, 10월 10일 새벽 네 시에 하늘의 길과 관세음보살을 거울로 삼아 이 글을 쓰기 시작했다.

무릇 병법이라 함은 무사가 익혀야 할 기본적인 법도다. 무사 중에서도 특히 무장인 자는 이를 실행으로 옮겨야 하며, 병졸인 자도 이 길을 알아야 한다. 그러나 지금 세상에 병법의 길을 확실하게 터득한 무사는 좀처럼 볼 수 없다.

길이라 하면, 불교에서는 사람을 구제하는 길이 있다. 또 유교에서는 학문의 길을 바로잡는 길이 있다. 의사로서 여러 병을 치료하는 길이 있고, 혹은 가인歌人으로서 와카和歌(일본 고유의 시가詩歌)의 길을 가르치고, 풍류객이나 궁술가, 그 외에 갖가지 예藝나 기능技能의 길이 있다.

사람들은 그러한 길을 각자 자기 나름대로 배우고 익힐 뿐만 아니라 마음이 내키는 대로 각각의 길에서 소양을 쌓고 있다. 그러나 병법의 길에서는 소양을 쌓는 자가 많지 않다.

무사는 '문무양도文武兩道'라 하여, 문과 무의 길에서 모두 소양을 쌓는 것이 무사의 길이다. 설령 이 길에 능력이 없다 하더라도 무사인 자는 각자의 분수에 맞게 힘써 병법의 길을 연마해야 한다. 사람들은 흔히 무사의 신념이라 하면 단순히 죽음을 각오하는 것쯤으로 생각한다. 그러나 죽음을 각오한 다는 점에서는 무사뿐만 아니라 출가한 승려나 여인, 또 농민 이하의 신분에 이르기까지 모든 계층의 사람들이 의리를 알고 수치를 생각하고 죽음을 각오한다는 것에 차별은 없다.

무사가 병법의 길을 간다는 것은 어떤 일에서든 남보다 뛰어남을 기본으로 해서 일대일의 결투에서 이기거나 많은 무리와 싸워 이겨서 주군과 자기 자신을 위해 입신양명하는 것을 뜻한다. 이것이야말로 병법의 덕에 의해서만 비로소 이루어지는 것이다.

또 세상에는 병법을 익혀도 실생활에는 별 도움이 되지 않을 것이라고 생각하는 사람도 있다. 그 점에 대해서는 언제든지 도움이 될 수 있도록 훈련하고, 어떠한 사태에도 도움이 될 수 있도록 가르치는 것, 이것이 진정한 병법의 길이다.

미야모토 무사시의 자화상

# 병법의 길이라는 것

중국이나 일본에서는 병법의 길에 이른 자를 병법의 달인이라 불러왔다. 무사로서 병법을 배우지 않는다는 것은 있을 수 없는 일이다.

요즘 스스로를 병법가라 칭하며 먹고사는 자가 있는데, 그것은 단순히 검술만을 말한다. 히타치常陸 지방에 있는 가시마鹿島와 가토리香取 신궁의 신관들이 '묘진明神(신의 존칭)'으로부터 전수받은 것이라며 각각의 검술 유파를 세우고 여러 지방을 두루 다니면서 사람들에게 전수하고 있는 것은 근래의 일이다.

예로부터 10능能과 7예藝 중 병법은 '리카타利方(이익을 가져오는 방법)'라 하여 분명히 예의 하나였지만, '리카타'란 말은 검술에만 한정된 것이 아니다. 검의 기술에만 의존하고 있는 동안에는 검술 자체에 대해서조차 알기 어렵다. 하물며 병법의 원칙을 이해할 리는 만무하다.

작금의 세상을 보면 여러 기예를 상품화하거나 자신마저도 마치 무슨 상품처럼 생각하고, 갖가지 도구에 대해서도 그 기능보다는 팔리기만 하면 그만이라는 식으로 대충 만드는 경향이 있는 듯하다. 그러한 정신은 꽃과 열매라는 두 가지로 나눠서 말하자면 꽃보다 열매가 적다고 할 수 있을 것이다.

특히 이 병법의 길에 색을 입히고 꽃을 피우게 하는, 다시 말해서 겉모양을 치장하여 화려하게 만들고 기술을 과시하며 무슨무슨 유파의 제1, 제2 도장이라 외쳐대면서 그 기술을 가르치거나 배워서 이익을 얻고자 한다면 결과는 소위 '어설픈 병법은 큰 부상의 화근'이 될 것이다.

일반적으로 사람이 이 세상을 살아가는 데는 사농공상의 네 가지 길이 있다.

첫째는 농農의 길로 농민은 여러 가지 농기구를 갖추고, 사계절의 끊임없는 변화에 신경 쓰면서 세월을 보낸다. 이것이 농업의 길이다.

둘째로는 상商의 길이다. 예를 들면 술을 빚는 자는 각자 필요한 도구를 구하고 그에 상응하는 이윤을 얻어 생활한다. 모두가 자신의 능력에 맞게 돈을 벌고 그 이익으로 살아가는 것이다. 이것이 상업의 길이다.

셋째로는 사士의 길이다. 무사는 목적에 맞춰서 다양한 무기를 만들고, 그 무기의 특색이나 용법을 잘 분별해야 한다. 이것이 바로 무사의 길이다. 무사된 자로서 무기를 능숙하게 다루지 못하거나 각 무기의 효용을 이해하지 못한다면 무사로서의 자질이 부족한 것이다.

넷째로는 공工의 길이다. 목수는 갖가지 도구를 그 용도에 따라 정교하게 만들고, 그 도구를 각각의 용도에 맞게 사용한다. 곱자를 사용하여 정확한 도면을 그리는 등, 쉬지 않고 부지런히 일하며 세상을 살아가는 것이다.

이상이 사농공상의 네 가지 길이다.

병법을 목수의 길에 비유해서 이야기해보자. 목수에 비유한다 함은 병법을 집과 연관시켜서 이야기한다는 말이다.

집은 '구게公家(무가 시대에 조정에 출사하는 사람이나 그 가문)' '부케武家(무사나 무사의 가문)' '시케四家(겐源 씨, 다이라平 씨, 후지와라藤原 씨, 다치바나橘 씨의 4대 가문)' 등으로 쓰이고, '집안이 멸망했'느니 '가문을 잇는다'는 식으로 말하며 가문이나 집안, 일족을 뜻하는 말로 쓰이고, 또는 무슨 류, 무슨 풍, 무슨 가 따위로 말하며 유파나 양식, 전문가를 뜻하기 때문에 병법을 집과 관련지어서 목수의 길에 비유했다.

목수를 뜻하는 일본어인 다이쿠大工는 '많이 궁리하다'는 뜻을 담고 있다. 병법의 길도 '많은 궁리'이므로 목수에 비유하여 말한 것이다.

병법을 배우려면 이 책을 읽고 깊이 생각하며 스승은 바늘, 제자는 실이 되어서 끊임없이 연마해야 한다.

# 병법의 길을 목수에 비유한 까닭

병법을 목수의 길에 비유하면 대장은 목수의 도편수와 같다. 세상의 곱자인 이치를 분별함으로써 한 나라의 이치를 바로잡고, 한 집안의 척도인 이치를 아는 것이 대장의 길이다. 목수의 도편수는 당탑가람堂塔伽藍(절을 뜻하는 가람은 당과 탑이 중심을 이루는데 이를 당탑가람이라 한다)의 설계 척도를 기억하고, 궁궐 누각의 도면을 파악하고 나서 사람들을 시켜 건물을 짓는다. 이는 무가의 대장도 마찬가지다.

집을 짓기 위해서는 우선 목재를 배치한다. 곧고 옹이가 없으며 보기에도 좋은 목재는 바깥 기둥으로 사용하고, 조금 옹이가 있더라도 곧고 튼튼한 것은 사람 눈에 띄지 않는 장소의 기둥으로 사용한다. 그리고 비록 다소 약하더라도 옹이가 없으며 보기에 좋은 목재는 문턱, 상인방, 문, 미닫이 등에 사용하고, 옹이가 있거나 약간 휘었더라도 튼튼한 목재는 집의 요소요소를 살펴서 충분히 검토하여 사용하면 그 집은 튼튼하여 오래도록 무너지지 않는다. 또한 목재 중에서도 옹이가 많고 휘어져 있으며 약한 것은 나중에 장작으로 사용하면 된다.

도편수가 목수를 부릴 때는 그들의 솜씨를 상중하로 나누어 어떤 자에게는 마루를, 어떤 자에게는 문과 미닫이를, 어떤 자에게는 상인방·하인방·천장을 맡기는 등 각자의 능력에 맞게 일을 분배하여 시켜야 한다.

또한 솜씨가 형편없는 자에게는 장선長線(마루 밑에 일정한 간격으로 가로로 대어 마루청을 받치는 나무)을 깔게 하고, 그보다 더 못한 자에게는 쐐기를 깎게 하는 식으로 목수들의 솜씨를 잘 파악하여 일을 시키면 능률도 오를 뿐만 아니라 훌륭한 집을 지을 수 있다.

일을 신속하고 솜씨 좋게 진척시키기 위해서는 무슨 일이든 꼼꼼하고 정확하게 처리해야 한다. 그리고 물건의 특색이나 용도, 사람의 능력을 잘 고려해서 사용해야 하며 일에 대한 의욕이 있는지를 알아야 한다. 또 격려를 해줘야 하며 한도를 알아야 한다. 도편수는 이러한 사항들에 대해 유념해야 한다.

병법의 이치도 이와 똑같다.

# 병법의 길

사병은 목수와 같다. 목수는 직접 연장을 갈고 만들어서 연장 상자에 넣고 다니며 도편수의 명령에 따라 커다란 자귀로 기둥과 대들보를 깎거나 대패로 마루와 선반을 깎는다. 또 틈을 만들고 조각도 하며 정확한 치수로 구석구석 통로까지 솜씨 좋게 만들어낸다.

이것이 목수가 갖춰야 할 본분이다.

목수의 기술을 열심히 배우고 설계를 잘 분별할 수 있게 되면 언젠가는 도편수가 될 수 있다.

목수가 갖춰야 할 소양으로 가장 중요한 것은 잘 드는 연장을 갖고, 그것을 틈날 때마다 갈고 손질하는 것이다. 그 연장을 사용하여 문갑과 책상, 또는 사방등을 만들고 도마나 냄비 뚜껑까지도 멋지게 만들어내는 것이 목수로서 가장 중요한 일이다.

사병인 자도 마찬가지다. 아주 신중히 생각해야 한다.

목수의 마음가짐은 일을 그릇되게 하지 않는 것, 모서리나

각을 잘 맞춰서 비틀어지지 않게 하는 것, 대패로 잘 깎는 것, 엉터리로 다듬어서 눈속임하지 않는 것, 일을 마친 뒤에 잘못된 곳이 생기지 않도록 하는 것이 중요하다.

　병법의 길을 배우고자 한다면 이 책에 쓰인 각 사항을 매우 신중하게 검토해야 할 것이다.

# 이 병법서가 다섯 권으로 되어 있는 이유

이 병법서는 다섯 권으로 구성되어 있다. 병법을 다섯 개의 길로 나눠 각각을 한 권으로 했고, 그 내용을 나타내기 위해 '땅地, 물水, 불火, 바람風, 공空'의 다섯 권으로 표기한 것이다.

먼저 〈땅의 권〉에서는 병법의 길에 대한 개요 및 '니텐이치류'에 관한 나의 사고방식을 설명했다.

검술만 익혀서는 참된 검의 길을 이해하지 못한다. 큰 곳에서부터 작은 곳을 알고, 얕은 곳에서 깊은 곳에 이른다. 곧은 길을 다진다는 뜻에서 첫 1권을 〈땅의 권〉이라 하였다.

두 번째 〈물의 권〉. 물을 본보기로 삼아 마음을 물과 같이 만드는 것이다. 물은 네모난 그릇이든 둥근 그릇이든 그것이 담긴 그릇에 따라 모양을 바꾸고, 하나의 물방울이 되기도 하고 넓은 바다가 되기도 한다.

물에는 맑고 푸른 기운이 있다. 나는 물의 맑음을 빌려 '니텐이치류'의 병법을 이번 권에 기술하였다.

검술의 이치를 확실히 몸에 익혀서 한 명의 적을 능히 이 길 수 있게 되면 세상 모든 사람을 이길 수 있다. 한 사람과 싸워서 이기는 것은 천만 명의 적과 싸워서 이기는 것과 다를 것이 없다.

무장된 자는 사소한 일로도 대세를 판단할 줄 알아야 하는데, 이는 1척밖에 안 되는 작은 원형原型을 확대하여 대불을 건립하는 것과 같다.

이러한 내용을 세세히 구별하여 쓰는 것은 어렵다. 하나를 알면 만 가지를 아는 것이 병법의 이치다. 그래서 이 〈물의 권〉에 나의 '니텐이치류'를 기술한 것이다.

세 번째 〈불의 권〉. 이 권에서는 전투에 대해 썼다. 불은 커지기도 하고 작아지기도 하는 둥 실로 변화무쌍한 것이기에 이 〈불의 권〉에서 전투에 관하여 썼다.

전투의 길은 일대일의 싸움이든, 만 명과 만 명의 싸움이든 다 마찬가지다. 돌아가는 형세를 통찰하고 더 나아가 세심하게 잘 음미해봐야 한다.

큰 것은 눈에 띄기 쉽지만, 작은 것은 잘 보이지 않는다. 왜냐하면 많은 사람이 하는 일은 뜻대로 움직이기가 힘들지만,

개인은 그 사람의 뜻대로 곧장 변화를 줄 수 있기 때문에 상대방이 그 움직임을 간파하기가 어렵다. 이러한 점도 곰곰이 잘 생각해볼 필요가 있다.

이 〈불의 권〉은 변화가 심하고 일각을 다투는 경우이므로, 매일 수련하여 유사시에도 보통 때와 같이 싸우는 것이 병법의 핵심이다. 그런 까닭으로 전투와 승부에 대해 〈불의 권〉에서 기술한 것이다.

네 번째 〈바람의 권〉. 이 권에서는 나의 '니텐이치류'가 아니라 세상에 널리 퍼져 있는 각 유파의 병법에 대해 기술했다. 풍風이라는 것은 구풍이라든가 신풍이라든가 가풍 등으로 쓰이는 것으로, 여기서는 세상의 병법에 관해 각 유파의 내용을 명확히 기술한다는 의미로 쓰여 이 권을 바람이라고 한 것이다.

남을 잘 모르면 자신을 알 수 없다. 그 인식이 부족하면 다양한 일을 행함에 있어 부정한 마음이 생길 수 있다. 평소 그 길에 매진하더라도 내용이 어긋나 있으면 스스로는 옳다고 생각할지라도 객관적으로는 진실의 길이 아니다. 진실의 길을 궁구하지 않으면 처음에는 약간 틀어졌던 일이 나중에는 크게 틀어져버리는 법이다. 깊이 명심해야 할 사항이다.

세상의 다른 유파에서는 병법이라 하면 검술만을 생각한다. 그렇게 생각하는 것도 무리는 아니지만, 그것은 잘못된 생각이다. 내 병법의 이치와 기술에서는 사고방식이 전혀 다르다. 그래서 세상의 일반적인 병법을 소개하기 위해 〈바람의 권〉이라 하여 다른 유파의 병법을 기록하는 것이다.

다섯 번째 〈공의 권〉. 이 권을 공이라 칭한 것은 병법에는 비법도 기본도 없기 때문이다. 이치를 터득해도 그것에 구애되지 않는 것이다.

병법의 길에서 스스로 자유로워지고 스스로 비상한 역량을 터득해서 일에 임해서는 그 상태를 파악하여 스스로 적을 공격하고, 스스로 상대한다. 이것이 모두 공의 길이다. 이렇게 저절로 진실의 경지에 들어가는 것을 〈공의 권〉이라 하여 기술한다.

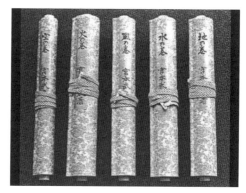

《오륜서 원본》

# 나의 병법을 '니토류'라 명명한 이유

'니토류二刀流'라 칭한 것은 무사라면 무장이든 병졸이든 모두 니토二刀(쌍검)를 허리에 차는 것이 의무이기 때문이다. 옛날에는 이 쌍검을 다치太刀(도신刀身의 길이가 60센티미터 이상의 흰 검)와 가타나刀(일본 고유의 외날 검)라고 했고, 지금은 가타나와 와키자시脇差(허리에 차는 호신용의 작은 칼)라 한다.

이처럼 무사가 두 개의 검을 허리에 차는 것에 대해 자세하게 설명할 필요는 없다. 일본에서는 그 이유를 알든 모르든 두 개의 검을 허리에 차는 것이 무사의 길이다.

이 쌍검의 이치를 깨닫게 하기 위해 '니토이치류二刀一流(니텐이치류와 같은 말로 쓰임)'라 칭한 것이다.

창이나 나기나타長刀(왜장도) 등은 가타나 혹은 와키자시와

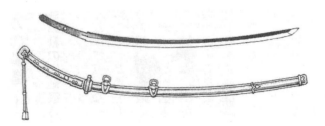

다치

는 다른 무기다.

　니토이치류에서는 처음 배울 때부터 다치와 가타나를 양손에 들고 수업을 받는다. 싸우다 목숨을 버릴 때는 몸에 지니고 있는 모든 무기의 도움을 남김없이 다 받아야 한다. 무기를 다 써보지도 못하고 허리에 찬 채로 죽는 것은 분명 자신이 바라는 바가 아니다.

　그러나 양손에 물건을 들게 되면 좌우 모두 자유로이 움직

다치

와키자시

다치와 와키자시를
허리에 찬 모습

이기가 어렵다. 내가 '니토'에 대해 말하는 것은 한 손으로도 다치를 자유롭게 쓸 수 있도록 하기 위함이다.

창이나 나기나타와 같은 큰 무기는 어쩔 수 없지만, 다치나 와키자시는 모두 한 손으로 드는 무기다. 말 위에서나 달릴 때, 혹은 늪이나 수렁, 논, 돌밭, 험한 길, 사람들이 북적거리는 곳에서 다치를 양손으로 들면 불편하다. 왼손에 활이나 창, 그 밖의 도구를 들고 있을 때도 다치는 한 손으로 사용하므로 양손으로 한 자루의 다치를 쥐는 자세를 취하는 것은 바람직하지 않다.

만일 한 손으로 베기 힘들 때는 양손으로 베면 된다. 어떤 수고도 필요 없다. 다치를 한 손으로 자유롭게 다룰 수 있도록 두 개의 검을 들고 다치를 한 손으로 휘두르는 것을 연습하면 된다.

처음에는 한 손으로 다치를 쥐면 누구나 무거워서 휘두르기가 어렵지만 무엇이든 처음 손에 들면 활도 당기기 힘들고, 나기나타도 휘두르기가 어려운 법이다. 그러나 그 도구에 익숙해지면 활을 당기는 힘도 강해지고 다치도 휘두르는 데 익숙해져서 사용법을 터득하게 될 뿐만 아니라 힘이 붙어서 쉽게 휘두를 수 있게 된다.

다치의 사용법은 빨리 휘두르는 것이 아니다. 그 방법은 두 번째 〈물의 권〉에서 다루기로 하겠다. 다치는 넓은 곳에서 휘두르며, 와키자시는 좁은 장소에서 휘두르는 것이 이 길의 기본이다.

'니텐이치류'에서는 긴 다치로도 이기고, 단도로도 이긴다. 따라서 다치의 길이를 특정하지 않는다. 어떠한 무기로도 이길 수 있다는 정신이 '니텐이치류' 병법의 길이다.

많은 사람을 상대로 혼자서 싸울 때나 집 안과 같은 좁은 장소에 숨어 있는 자를 덮칠 때는 검을 하나보다 두 개 드는 편이 유리하다.

이러한 것을 여기에서 일일이 세세하게 적을 필요는 없다. 한 가지 사실로 만사를 잘 헤아려야 한다. 병법의 길을 터득하게 되면 무엇이나 다 보이게 된다. 깊이 새겨야 할 사항이다.

# 병법이라는 두 글자의 의미를 이해하는 것

병법의 길에서는 보통 다치를 잘 다룰 줄 아는 자를 '병법가'라고 한다.

무예의 길에서는 활을 잘 쏘는 사람을 명궁수라 하고, 총을 잘 쏘는 자를 명사수라 하며, 창을 잘 쓰는 자를 창술가, 나기나타에 능한 자를 장도가長刀家라고 한다. 그렇다면 다치를 잘 다룰 줄 아는 자를 검술가라고 해야 함이 마땅할 것이다.

활, 총, 창, 나기나타 등은 모두 무가의 도구이므로 병법의 길임에는 틀림없다. 그런데도 특히 다치의 길을 병법이라 함은 그 나름대로 이유가 있다.

그것은 다치의 덕으로서 세상을 다스리고, 스스로를 다스리므로 다치는 병법의 근본이라 할 수 있기 때문이다.

다치의 덕을 터득하게 되면 혼자서 열 사람을 이길 수 있다. 혼자서 열 사람을 이기면 백 명이 천 명을 이기고, 천 명이 만 명을 이길 수 있게 된다.

그렇기 때문에 나의 '니텐이치류'에서는 한 명의 상대도 만 명의 상대와 같은 것이라 여기며 검의 길뿐만 아니라 무사가 알아야 할 방법을 모두 병법이라 하는 것이다.

유자儒者, 불자, 풍류객, 시쓰케모노노しつけ者(가정교육, 예의범절을 가르치는 사람), 란부사亂舞者(예능인)와 같은 것은 무사의 길이 아니다.

본래의 길이 아니더라도 여러 가지 길을 널리 알면 도움이 되는 바가 있다. 인간으로서 각각의 길을 충분히 단련하는 것이 중요하다.

# 병법에서 무기의 효용을 안다는 것

무기의 효용을 알면 어떤 무기라도 때나 경우에 따라서 활용할 수 있는 법이다.

와키자시는 협소한 장소에서 적에게 가까이 접근했을 때 유리하다.

다치는 어떤 곳에서든지 보편적으로 사용할 수 있어 유리하다.

나기나타는 전쟁터에서는 창보다 불리하다. 창은 선수를 칠 수 있지만 나기나타는 창에 선수를 빼앗기기 쉽기 때문이다. 솜씨가 같은 정도라면 창 쪽이 약간 강하다. 창이나 나기나타도 상황에 따라 좁은 장소에서는 이점이 적다. 구석진 곳이나 안쪽에 틀어박혀 있는 자를 덮칠 때도 적당하지 않다. 이것은 어디까지나 전쟁터에서 요긴하게 쓰이는 도구로 전투 시에 필요한 무기다.

그러나 실내와 같은 곳에서 기술을 익히거나 사소한 것에 마음을 빼앗겨서 무예로서의 본래의 길을 잊어버리면 승부에는 이롭지 못할 것이다.

활은 전쟁터에서 군대의 진퇴에도 도움이 되며, 창 옆이나 그 외의 무기 곁에서 재빨리 쏠 수 있어서 야전 등에서는 특히 좋은 무기다. 하지만 성의 공략이나 적과의 사이가 20간(약 36미터) 이상 되는 경우에는 적당하지 않다.

요즘은 활을 비롯하여 여러 기예가 다 꽃은 많지만 열매가 적다. 그러한 무예는 중요할 때 도움이 되지 않는다.

성곽 안에서는 총포보다 더 유리한 무기는 없다. 야전에서도 백병전이 시작되기 전에는 이점이 많다. 그러나 백병전이 시작되고 나면 부적당하다. 활은 쏜 화살이 눈에 보이는 장점이 있다. 그러나 총알은 보이지 않는 것이 결점이다. 이 문제는 충분히 검토할 필요가 있다.

말은 힘이 세고 내구력이 좋으며 나쁜 버릇이 없어야 한다. 일반적으로 무기든 뭐든 튼튼한 것이 좋다. 말도 큰 것이 잘 달리고, 칼도 큰 것이 잘 들고, 창과 나기나타도 크기에 따라 위력이 달라지고, 활과 총도 강하고 쉽게 부서지지 않는 것이 좋다.

무기를 비롯해서 취향은 한쪽으로 편중되어서는 안 된다.

넘치는 것은 부족한 것과 같다. 남이 하는 대로 똑같이 따라 하지 말고 자기 몸에 맞게 무기는 자기가 들 수 있는 것을 지녀야 한다.

대장이든 병졸이든 어떤 물건에 대해 좋고 싫음을 가리는 것은 좋지 않다. 이 점을 잘 연구하는 것이 중요하다.

# 병법의 박자

　무엇이든 박자라는 것이 있는데, 특히 '병법의 박자'는 단련하지 않으면 터득할 수 없는 것이다. 세상에서 박자가 확실한 것은 광대의 춤이나 악사가 연주하는 관현악기의 박자 등으로, 모두 박자가 잘 맞음으로써 순조롭게 흘러간다.

　무예의 길에도 활과 총을 쏘는 것에서 말타기에 이르기까지 모두 박자와 가락이 있다. 여러 가지 예능에서도 박자를 무시해서는 안 된다.

　또 형태가 없는 것이라도 박자는 있다. 무사의 몸으로 벼슬을 하여 영달하거나 실각하는 박자, 생각대로 되는 박자, 뜻대로 되지 않는 박자가 있다. 장사의 길에도 역시 재산가가 되는 박자, 재산가라도 파산하는 박자가 있다. 각각의 길에 따라 박자가 다르다.

　어떤 일이 발전하는 박자와 쇠퇴하는 박자를 잘 구분해야 한다.

　병법의 박자에도 여러 가지가 있다. 우선 맞는 박자와 잘못

된 박자를 구별하고, 강하거나 약한 박자, 빠르거나 느린 박자 중에서도 적합한 박자와 사이의 박자, 상대를 빗나가게 하는 역逆의 박자를 아는 것이 중요하다.

싸움터에서는 적 한 사람 한 사람의 박자를 알아내어 적이 전혀 예상치도 못한 박자로서 대적하고, 눈에 보이지 않는 박자를 지략으로 발휘함으로써 승리를 얻어내야 한다.

어느 권이나 박자에 대해서는 한결같이 기술하고 있다. 쓰여 있는 내용을 잘 음미하면서 충분히 단련해야 한다.

앞에서 말한 '니텐이치류'의 병법을 아침저녁으로 힘써 갈고닦으면 자연스럽게 마음이 넓어지게 된다. 이 병법은 집단적으로, 혹은 개인적으로 세상에 전해져왔다. 이것을 비로소 문자로 기록한 것이 땅, 물, 불, 바람, 공의 다섯 권이다.

나의 병법을 배우려고 하는 사람은 이 길을 가는 데 있어서 유념해두어야 할 것이 있다.


하나, 사심邪心을 품지 말 것.

둘, 니텐이치류의 길을 엄격히 수행할 것.

셋, 널리 여러 예능을 배울 것.

넷, 다양한 직능의 길을 알 것.

다섯, 일체의 이해득실을 분별할 것.

여섯, 모든 일에 대해 그 진실을 구분하는 힘을 기를 것.

일곱, 눈에 보이지 않는 본질을 감지할 것.

여덟, 사소한 일에도 주의를 게을리 하지 말 것.

아홉, 도움이 되지 않는 일을 하지 말 것.


대강 이상과 같은 원칙을 마음에 깊이 새겨두고 병법의 길을 단련해야 한다. 이 길에서만은 넓은 시야로 진실을 규명하지 못하면 병법의 달인이 될 수 없다. 이 방법을 익히게 되면 혼자서도 반드시 20명, 30명을 이길 수 있다.

우선 항상 병법에 마음을 두고 진실의 길에 매진하면 기술적으로도 이기고, 눈에 보이는 점에서도 이길 수 있다. 단련에 의해 온몸이 자유자재로 움직일 수 있게 되므로 신체적으로도 남을 이기는 것은 물론, 마음의 수련을 쌓으면 정신적으로도 열 사람을 이길 수 있다.

이 경지까지 오른 사람이라면 절대로 남에게 지는 일은 없을 것이다.

또 광의의 병법으로는 훌륭한 인재들을 부하로 삼아 능숙하게 거느리고, 자신의 몸을 바르게 하여 나라를 다스리고,

백성을 보호하여 천하의 질서를 유지할 수 있다. 어느 길이든 남에게 패하지 않는다는 자신감을 가지고 스스로를 도와 널리 이름을 떨치는 것이야말로 병법의 길이다.

쇼호正保 2년(1645) 5월 12일

데라오 마고노조寺尾孫丞(미야모토 무사시의 수제자)에게

신멘 무사시

물의
의
권

나의 병법 '니텐이치류'의 근본은 물의 마음이다. 여기 〈물의 권〉에서는 내 유파의 다치 사용법을 통해 상대를 이기는 법을 기술하고자 한다.

이 길을 내 마음대로 세분하여 쓰기는 사실상 어렵다. 그렇지만 비록 표현은 다소 부족하더라도 그 이치는 저절로 이해하게 될 것이다.

이 책에 기록한 것에 대해서는 모두 한 자, 한 자 깊이 생각해야 한다. 대충 파악하면 잘못 해석하는 경우가 많을 것이다.

싸움에서 이기는 길에 대해서는 일대일의 승부처럼 표현되어 있는 부분이라 할지라도, 만 명 대 만 명이 겨루는 전투로 그 상황을 확대하여 이해하는 것이 중요하다.

이 병법의 길에서만큼은 원칙을 조금이라도 잘못 이해하거나 갈팡질팡하면 나쁜 길에 빠지고 만다.

이 책을 읽었다 해서 병법의 진수에 도달할 수 있는 것은 아니다. 이 책에 쓰인 내용을 자신의 몸으로 받아들여야 하며 단순히 읽기만 한다거나 흉내내려 하지 말고 진짜로 자신의 마음속에서 발견한 것으로 생각하고 늘 그 입장이 되어 아주 깊이 연구해야 한다.

미야모토 무사시의 좌상

# 병법에서의 마음가짐

병법의 길에서 말하는 마음가짐이란 곧 평소와 다름없는 마음이다. 평상시나 전투할 때나 조금도 다를 바 없이 넓은 시야에서 진실을 추구하고, 지나치게 긴장하거나 해이해져서도 안 된다.

마음이 한쪽으로 치우치지 않도록 한가운데에 두고, 마음을 서서히 변화시켜 그 변화가 잠시도 멈추지 않도록 항상 자유로이 움직이는 심리 상태를 유지하는 것에 신경 써야 한다.

몸이 정지해 있을 때라도 마음은 멈추지 아니하며, 민첩하게 움직일 때도 마음은 평정심을 유지한다. 마음은 몸의 움직임에 끌려가지 않고, 몸은 마음에 끌려가지 않아야 한다.

또 마음에는 신경 쓰되 몸은 신경 쓰지 말고 마음을 잘 다스려 쓸데없는 일에 정신을 빼앗기지 않도록 한다. 표면적인 것에 얽매이지 말고 정신을 바짝 차려 타인이 자신의 생각을 간파하지 못하도록 한다.

그리고 체격이 왜소한 사람은 큰 사람의 상태를, 반대로 체격이 큰 사람은 작은 사람의 상태를 잘 파악하여 체격이 큰 사람이나 작은 사람이나 모두 자기 자신의 신체 조건에 얽매이지 않도록 마음을 수양하는 것이 중요하다.

오염되지 않은 넓은 마음으로 일체를 대국적으로 생각해야 한다. 지식과 정신도 모두 열심히 갈고닦는 것이 중요하다. 지식을 더 깊이 연구하여 천하의 옳고 그름이나 모든 일의 선악을 분별하고, 다양한 예능의 길을 체험하여 세상 사람들의 속임수에 넘어가지 않게 된 후에야 비로소 전투 시에 올바른 판단을 내릴 수 있게 된다.

특히 전투 시의 판단력을 기른다는 것은 다른 것과 달리 특별한 수련이 필요하다. 전장에 나가 이것저것 정신이 없는 상황 속에서도 끊임없이 병법의 이치를 규명하며 평정한 마음을 유지할 수 있도록 힘써 수행해야 한다.

# 전투에 임하는 자세

몸의 자세는 고개를 숙이거나 뒤로 젖히지 않고, 인상을 찡그리지 않는다. 눈은 움직이지 않고, 이마에는 주름을 잡지 않는다. 미간에 주름을 잡고 눈동자는 움직이지 않으며, 눈을 깜박이지 않는다는 생각으로 평소보다 조금 가늘게 뜬다.

침착한 표정으로 정면을 응시하고 아래턱을 조금 잡아당기는 자세를 취한다. 목은 똑바로 펴고 목덜미에 힘을 주어 어깨에서부터 온몸에 걸쳐 골고루 힘이 들어가도록 한다.

양쪽 어깨에서 힘을 빼고 등은 곧게 펴되 엉덩이를 내밀지 않고 무릎에서부터 발끝까지 힘을 주며 허리가 굽지 않게 배에 힘을 준다.

'비녀장을 박아 쥔다'는 것은 와키자시의 칼집을 하복부에 붙여 끈이 느슨해지지 않도록 하라는 가르침이다.

모든 병법에서는 평상시의 자세를 전투 시의 자세라 하여 싸울 때도 평상시와 같은 자세로 싸우는 것이 중요하다. 깊이 연구해야 한다.

# 전투 시의 눈매

전투 시에는 눈을 크게 뜨고 전체를 두루 살펴야 한다. 눈에는 마음으로 보는 '관觀의 눈'과 눈으로 보는 '견見의 눈'이 있다.

이 두 눈 중에서 '관의 눈'을 크게, '견의 눈'을 작게 뜨고 먼 곳을 적확하게 포착하고, 가까운 곳의 움직임으로부터 대세를 파악하는 것이 중요하다.

이는 다시 말하면 병법에서는 상대의 눈과 칼끝, 주먹의 움직임을 통하여 상대의 마음을 정확히 읽어내는 것이 가장 중요하다는 뜻이다. 무엇보다도 적의 칼끝 움직임을 잘 파악하여 적의 표면적인 행동에 조금도 현혹되지 않는 것이 병법의 주안점이다.

이는 깊이 잘 연구할 필요가 있다. 이러한 눈 동작에 대한 소양은 협의의 병법(일대일의 싸움)이든 광의의 병법(다수간의 전투)이든 마찬가지다.

눈동자를 움직이지 않고 양 옆을 보는 것도 중요하다. 이러한 자세는 바쁠 때 갑자기 익히려면 잘 되지 않는다.

이 책에 쓰여 있는 것을 잘 익혀서 평소부터 이러한 눈매를 유지하고 어떤 경우에도 눈매가 바뀌지 않도록 열심히 연습해야 한다.

# 다치 잡는 법

'다치 잡는 법'은 우선 엄지와 검지는 살짝 띄운다는 생각으로 잡고, 중지는 너무 조이거나 느슨하지 않게 약지와 새끼손가락을 단속한다는 생각으로 잡는다. 손바닥 쪽에 비틀림이 있어서는 안 된다.

항상 적을 벤다는 생각으로 다치를 잡아야 한다. 적을 벨 때도 검을 잡는 손의 자세를 바꾸지 말고, 손이 위축되지 않도록 잡는 것이 중요하다. 만약 적의 다치를 치거나 공격해오는 적의 다치를 받는 경우, 또는 내리누르는 경우가 있더라도 엄지와 검지의 모양만을 바꾼다고 생각하고 여하튼 상대를 벤다는 마음으로 다치를 잡아야 한다.

시험 삼아 사람을 베든, 아니면 실제 전투에서 사람을 베든, 사람을 벤다는 점에서는 다치를 잡는 손 모양은 변하지 않는다. 그리고 다치든 손이든 고정시켜서는 안 된다. '고정'은 죽음으로 가는 길이고, '고정시키지 않는 것'이 살아남는 길이다. 차근차근 잘 배워야 한다.

# 발 사용법

발을 움직일 때는 발끝을 살짝 들고, 발뒤꿈치는 바닥에 힘껏 딛는다. 발 사용은 경우에 따라 보폭의 크고 작음이나 걸음의 빠르고 느린 차이는 있지만 대체로 자연스럽게 걷도록 한다.

날아갈 듯 빠른 발, 뒤축이 들린 발, 지르밟는 발, 이 세 가지는 모두 피해야 한다.

발 사용법에서는 음양이 중요하다고 한다. 음양의 발이란 한쪽 발만을 움직이는 것이 아니라 사람을 베거나 뒤로 물러날 때, 혹은 치고 들어오는 상대의 칼을 받아칠 때도 음양이라 하여 오른발과 왼발을 번갈아가면서 내딛는 것이다. 어떠한 경우에도 한쪽 발만을 움직여서는 안 된다. 반드시 주의해야 한다.

# 다섯 방향 겨눔 자세

다섯 방향 겨눔 자세란 상단上段, 중단中段, 하단下段, 오른쪽 옆구리 자세, 왼쪽 옆구리 자세를 말한다. 자세는 다섯 가지로 나누었지만 모두 사람을 베기 위한 자세다. 자세에는 이 다섯 가지밖에 없다.

어떤 자세든 자세를 취한다고 생각하지 말고 적을 벤다고 생각하라.

자세의 크고 작음은 경우에 따라 더 효과적인 쪽으로 취하면 된다. 상단, 중단, 하단 자세는 기본적인 자세이며, 양쪽 옆구리를 겨누는 자세는 응용 자세다. 우측과 좌측 겨눔은 위쪽이나 한쪽 옆이 막혔을 때 사용하는 자세다. 좌우 어느 쪽을 선택할지는 그 장소에 따라 판단해야 한다.

이 길의 비법이라 할 수 있는 최선의 자세란 '중단'임을 알아야 한다. 중단이야말로 자세의 진수다. 큰 전투에 비유하면 중단 자세는 대장의 자리다. 대장에게 붙어 나머지 네 가지 자세가 뒤따르는 것이다. 꼼꼼히 검토해야 한다.

# '다치의 길'이라는 것

다치의 길을 안다는 것은 자신이 항상 차고 있는 검을, 설령 손가락 두 개로만 휘둘러도 다치의 움직이는 법칙만 잘 알고 있다면 자유자재로 휘두를 수 있다는 것을 말한다.

다치를 빠르게 휘두르려고 하기 때문에 오히려 다치의 움직이는 법칙에서 어긋나 휘두를 수 없게 된다. 다치는 휘두르기 좋도록 적당한 속도로 천천히 휘두른다는 마음가짐이 중요하다.

부채나 작은 칼 등을 사용할 때처럼 빨리 휘두르려고 하기 때문에 다치의 움직이는 법칙이 잘못되어서 휘두르기가 어려워진다.

이는 작은 칼을 쓸 때 사용하는 방법으로 실전에는 도움이 되지 않는다. 이와 같은 방법으로 다치를 휘두르면 사람을 벨 수 없다.

다치를 내리친 경우에는 들어올리기 좋은 방향으로 다치 끝을 치켜들고, 옆으로 휘둘렀다면 옆으로 되돌리고, 팔꿈치를 쭉 뻗어서 힘차게 휘두르는 것이 다치의 길이다.

　내 병법의 다섯 가지 기본형을 잘 익혀서 사용하면 분명 다치의 길이 일정해져서 쉽게 휘두를 수 있게 된다. 하나하나 꼼꼼히 단련해야 한다.

# 다섯 방향 겨눔 자세 중 첫 번째 자세, 중단

첫 번째 자세는 중단이다. 적과 맞설 때는 항상 다치의 끝을 적의 얼굴을 향해 겨눈다. 적이 다치로 공격해 들어오면 오른쪽으로 쳐내 제압한다. 또 적이 위에서 내려칠 때는 칼끝을 위로 향하게 하여 공격하는데, 이때 휘두른 상태로 유지하다가 적이 다시 공격해오면 아래에서부터 적의 손을 공격한다. 이것이 첫 번째 겨눔 자세다.

대체로 이 다섯 방향 겨눔 자세는 내용을 읽기만 해서는 쉽게 납득할 수 없다. 다섯 가지 자세는 다치를 직접 손에 들고 그 사용법을 몸소 연습해야 한다.

이 다섯 가지 자세를 잘 익히면 자신의 다치의 길을 알게 될 뿐만 아니라, 적의 다치가 어떤 식으로 공격해오는지 알 수 있게 된다.

이처럼 내 니토류의 다치 자세는 다섯 가지 외에는 없다고 가르치는 바이다. 힘써 단련해야 한다.

# 두 번째 자세, 상단

두 번째는 상단 자세다. 다치를 머리 위로 높이 쳐들어 적이 치고 들어오는 순간 단숨에 내려치는 자세다. 빗나간 경우에는 내려친 상태 그대로 다치를 유지하였다가, 적이 다시 치고 들어오는 순간 아래에서 퍼올리듯 올려친다. 반복하는 경우에도 마찬가지다.

이 사용법은 다양한 마음가짐이나 박자에 따라 달라진다. 이 사용법을 내 니텐이치류에 따라 단련하면 어떤 경우에도 승리를 거둘 수 있다. 부단히 연습해야 한다.

# 세 번째 자세, 하단

　세 번째 자세는 다치의 끝을 하단으로 자연스럽게 내리고 뒤로 물러서는 듯한 마음으로 공격해 들어오는 적의 손을 아래에서 치는 것이다.

　손을 치는 순간 적이 자신의 다치를 쳐서 떨어뜨리려고 하면 아래에서 일으키듯이 적을 친 후에 상완부上腕部를 옆으로 베는 호흡이다.

　적이 공격해오는 것을 하단에서 단숨에 막아내는 것이 중요하다. 하단 자세는 처음 배울 때나 숙련된 뒤에나 다치 사용법을 익히는 데는 아주 적합한 자세다. 실제로 다치를 들고 단련해야 한다.

## 네 번째 자세, 왼쪽 옆구리 자세

　네 번째 자세는 왼쪽 옆구리에 다치를 가로로 들고 공격해 들어오는 적의 손을 아래에서 친다. 적이 이 공격을 받아 다치를 떨어뜨리려 하는 순간, 적의 손을 친다는 생각으로 그대로 다치의 흐름에 따라 자신의 어깨 위쪽을 향해 비스듬히 베는 것이다.

　이것이 다치의 길이다. 다시 적이 공격해 들어오는 경우에도 그것을 받아내고 이길 수 있는 길이다. 깊이 연구해야 한다.

# 다섯 번째 자세, 오른쪽 옆구리 자세

다치를 자신의 오른쪽 옆구리에 가로로 들고, 적이 공격해 들어오는 것에 맞춰 자신의 다치를 아래에서 비스듬하게 상단으로 휘둘러 올려 위에서 똑바로 베는 것이다.

이것도 다치의 길을 잘 알기 위한 것이다. 이 자세로 검을 휘두르는 것에 익숙해지면 무거운 다치도 자유자재로 휘두를 수 있게 된다.

이상의 다섯 가지 자세에 대해서는 더 자세히 적지 않으려 한다. 내 유파의 다치의 길을 대강 이해하고, 또 대개의 박자도 익혀서 적의 다치를 판별할 수 있도록, 우선 여기에 적은 다섯 가지 자세를 부단히 연습하는 것이 가장 중요하다.

적과 싸우는 동안에도 이와 같은 다치 사용법을 몸에 익혀서 적의 마음을 간파하고, 다양한 박자를 파악할 수 있다면 어떤 경우에도 이길 수 있다. 잘 분별해야 한다.

# 자세가 있으면서도 자세가 없다는 것의 교훈

'자세가 있으면서도 자세가 없다'는 것은 다치에는 고정된 자세라는 것이 있어서는 안 된다, 그러나 다섯 가지 자세가 있다고 하면 자세가 있다고 할 수도 있다는 의미다.

다치는 적이 칼을 내미는 순간 적이 나오는 상황에 맞게 자세를 취하되, 항상 그 적을 베기에 유리한 자세로 들어야 한다.

상단도 그때의 상황에 따라 조금 내리면 중단이 되고, 중단도 그때의 효과에 따라 조금 올리면 상단이 된다. 하단도 그때에 따라 살짝 위로 올리면 중단이 된다. 양쪽 옆구리 자세도 위치에 따라 몸 중앙 쪽으로 조금 내밀면 중단이나 하단이 된다.

이런 까닭으로 자세는 있되 자세가 없다는 의미가 되는 것이다. 우선 다치를 들었다면 어떤 식으로든지 적을 베는 것이 가장 중요한 목적이다.

만약 나를 베려고 달려드는 적의 다치를 받고, 치고, 찌르고, 버티고, 닿는 일이 있더라도 그것은 모두 적을 벨 기회임을 알아야 한다.

받는다고 생각하고, 친다고 생각하고, 부딪친다고 생각하고, 버틴다고 생각하고, 닿는다고 생각하기 때문에 마음을 집중하여 적을 벨 수 없는 것이다.

모든 행위는 적을 베기 위한 수단이라고 생각하는 것이 가장 중요하다.

큰 전투에 비유하자면 병력의 배치가 자세에 해당한다. 이 역시 모두 전투에 이기기 위한 수단이다.

하나의 형태에 얽매여서는 안 된다. 차근차근 깊이 연구해야 한다.

# 한 박자 치기

적을 치는 박자에 '한 박자 치기'라는 것이 있다. 적과 자신이 서로 검이 닿을 정도의 거리를 두고 서서, 적의 마음가짐이 갖춰지기 전에 자신의 몸과 마음을 움직이지 않고 재빨리 단숨에 치는 박자다.

적이 다치를 끌어당기거나 피하거나 치려고 마음을 먹기 전에 기습적으로 치는 박자, 이것이 한 박자 치기다.

이 박자를 잘 습득하여 '사이의 박자'를 민첩하게 칠 수 있도록 연마해야 한다.

# 이중 박자

'이중 박자'란 자신이 치고 들어가려는 순간 적이 그보다 빨리 뒤로 물러나서 재빨리 치고 들어오려고 할 때 자신은 치려는 듯한 거짓 동작을 취해 적을 긴장시킨 다음 적에게 약간의 빈틈이 생긴 찰나에 즉각 치는 기술이다. 이것이 이중 박자다.

이 글만으로는 좀처럼 공격할 수 없을 것이다. 지도를 받으면 바로 납득할 수 있다.

# 무념무상 치기

적도 치려고 하고 자신도 치려고 생각할 때, 몸도 칠 태세를 취하고 마음도 칠 마음이 되고 손은 자연스럽게 가속도를 붙여서 강하게 친다. 이를 '무념무상 치기'라 하며 매우 중요한 기술이다.

이 치기는 자주 만나는 치기이므로 차근차근 잘 습득하여 단련해야 한다.

# 흐르는 물 치기

'흐르는 물 치기'라는 동작이 있다. 적과 자신의 역량이 백중하여 서로 겨룰 때 적이 다치를 급히 당기거나 피하거나 또는 밀어젖히려는 순간 자신은 심신을 안정시켜 강물이 아주 서서히 깊은 곳에 고이듯이 다치를 천천히 위로 치켜들어 크고 강하게 치는 기술이다.

이 치기를 습득하면 확실히 손쉽게 적을 칠 수 있다. 이 경우 적의 역량이나 위치를 잘 판별하는 것이 중요하다.

# 가장자리 치기

　자신이 다치를 내밀 때 적은 그것을 쳐서 떨어뜨리거나 튕겨내려고 한다. 이것을 치기 한 번으로 머리와 손, 그리고 발까지 친다.

　다치를 한 번 휘둘러서 단숨에 어디든 친다. 이것이 가장자리 치기다. 이 치기는 잘 습득해야 하며, 자주 만나게 되는 치기다.

　몇 번이든 꼼꼼하게 연습하여 충분히 이해해야 한다.

# 벼락 치기

'벼락 치기'란 적의 다치와 자신의 다치가 스칠 듯이 접근한 상태에서 자신의 다치를 조금도 들어 올리지 않고 적의 다치를 매우 강하게 치는 기술이다.

이 동작은 발과 몸과 손 전체에 힘을 주어 이 세 부분의 힘으로 민첩하게 쳐야 한다. 이 동작은 매우 여러 번 연마해야지만 비로소 터득할 수 있다. 잘 단련하면 강하게 칠 수 있다.

# 단풍잎 치기

'단풍잎 치기'란 적의 다치를 쳐서 떨어뜨리고 자신의 다치를 고쳐 잡는 것이다.

적이 자기 앞에서 다치를 겨누며 치거나 두드리거나 혹은 받아치려고 할 때 자신은 '무념무상 치기', 또는 '벼락 치기'와 같은 기술을 사용하여 적의 다치를 강하게 친다. 이 상태에서 적과 자신의 다치를 붙인다는 생각으로 칼끝을 내리듯이 치면 적의 다치는 반드시 떨어지게 되어 있다.

이 동작을 익히면 적의 다치를 손쉽게 쳐서 떨어뜨릴 수 있다. 거듭 연습해야 한다.

# 다치로 변하는 몸

'다치로 변하는 몸'이란 '몸으로 변하는 다치'라고도 할 수 있다. 적을 치는 모든 경우에 다치와 몸이 서로 동시에 움직이지 않는 것이다. 적이 치고 들어오는 상태에 따라 몸이 먼저 칠 태세가 되고 다치는 조금 늦게 치는 것이다.

몸은 움직이지 않고, 다치만으로 치는 경우도 있지만 대개는 몸이 먼저 움직이고 다치는 나중에 친다. 깊이 음미하며 수련해야 한다.

# 치기와 부딪치기

'치기'와 '부딪치기'는 다른 동작이다. '치기'란 어떤 식으로 치든 의식적으로 확실하게 치는 것을 말한다.

'부딪치기'란 맞닥뜨리기 정도의 의미로서 아무리 세게 닿아서 적이 곧 죽을 정도라 할지라도 이것은 그저 적과 부딪친 것이다. 그러나 '치기'란 작정을 하고 치는 것이다. 이 역시 연마해야 한다.

적의 손이나 발에 부딪친다는 것은 우선 부딪치는 것으로 후에 강하게 치기 위한 것이다. '부딪치기'는 닿는다고 할 정도의 동작이다. 잘 습득하여 '치기'와의 차이를 구별할 수 있도록 연습해야 한다.

# 짧은 팔 원숭이의 몸

'수후愁猴(짧은 팔 원숭이)의 몸'이란 적과 대결할 때 함부로 팔을 뻗지 않는다는 마음가짐이다.

적에게 접근할 때 팔을 조금도 뻗지 않고 적이 치기 전에 재빨리 적에게 몸을 접근시키는 호흡이다. 팔을 뻗으면 반드시 몸이 멀리 떨어지게 되므로 팔을 뻗지 않고 온몸을 재빨리 적에게 접근시킨다.

손이 닿을 정도의 거리라면 몸을 접근시키는 것도 용이하다. 잘 검토해야 한다.

# 옻과 아교의 몸

'칠교漆膠(옻과 아교)'란 상대에게 몸을 바싹 밀착시키고 떨어지지 않는 것을 말한다. 적에게 접근할 때 머리와 몸과 발을 모두 바싹 붙이는 것이다.

대부분의 사람은 얼굴이나 발은 빨리 붙여도 몸만은 뒤로 뺀다. 그러므로 적에게 자신의 몸을 바싹 붙여서 한 치의 틈도 없도록 한다. 꼼꼼히 검토해야 한다.

# 키 대보기

'키 대보기'란 적에게 다가갈 때는 어떤 경우라도 자신의 몸이 움츠러들지 않도록 다리와 허리, 그리고 목을 곧게 편 채 바싹 붙어서 적의 얼굴과 자신의 얼굴을 나란히 하여 키를 견주어 이긴다는 생각으로 몸을 충분히 펴고 강하게 다가가는 것이 중요하다. 깊이 연구해야 한다.

# 끈기 있게 버티기

적과 자신이 동시에 다치를 들고 공격해 들어갈 때, 자신의 다치를 적의 다치에 바짝 갖다 대고 끈기 있게 버틴다는 기분으로 적의 다치를 맞받는다.

끈기 있게 버틴다는 것은 다치가 쉽게 떨어지지 않게 한다는 마음가짐이다. 억지로 강하게 밀고 들어가지 않는다는 기분으로 들어가서 적의 다치에 붙어 떨어지지 않도록 끈기 있게 버틴다.

들어갈 때는 조용히 들어가는 것이 좋다. 버티는 것과 뒤얽히는 것이 있는데, 버티는 것은 강하고 뒤얽히는 것은 약하다. 이것을 잘 구별해야 한다.

# 몸으로 부딪치기

'몸으로 부딪치기'란 적이 공격하기 직전에 몸으로 적을 들이받는 것이다. 얼굴을 살짝 옆으로 돌리고, 왼쪽 어깨를 내밀어 적의 가슴을 들이받는다.

들이받을 때는 동원할 수 있는 모든 힘을 온몸에 모으고 호흡을 가다듬은 뒤, 기합을 넣으며 뛰어 오르듯이 과감하게 적의 품으로 뛰어 들어간다.

이 '몸으로 부딪치기'를 계속해서 연습하면 적을 2간 내지 3간(약 3.6~5.4미터)이나 멀리 밀쳐낼 정도로 강력해져서 적이 목숨을 잃을 정도로까지 강하게 부딪칠 수 있게 된다. 차근차근 단련해야 한다.

# 세 가지 받기

'세 가지 받기'란 적의 다치를 받는 세 가지 방법이다. 우선 첫 번째는 적에게 들어갈 때 적이 내미는 다치를 자신의 다치로 적의 눈을 겨냥하여 자신의 오른쪽으로 흘려보내며 받는 방법이다.

두 번째는 받아치기라 해서 공격해 들어오는 적의 다치를 적의 오른쪽 눈을 겨냥하여 목을 사이에 끼우듯이 내질러 받는 것이다.

세 번째는 적이 치고 들어올 때 자신이 짧은 다치로 들어가는 경우에는 들어오는 적의 다치는 개의치 않고 왼손으로 적의 얼굴을 찌르듯이 들어가는 방법이다.

이상이 '세 가지 받기'인데, 어느 경우나 모두 왼손을 쥐고 주먹으로 적의 얼굴을 찌른다고 생각하면 된다. 차근차근 잘 단련해야 한다.

# 안면 찌르기

'안면 찌르기'라는 것은 적과 자신의 다치가 대등해졌을 때 적의 얼굴을 자신의 다치 끝으로 찌를 수 있도록 적과 자신의 다치 사이에서 끊임없이 기회를 엿보는 것이 중요하다.

얼굴을 찌르고자 하는 것을 알게 되면 적은 얼굴과 몸을 모두 뒤로 젖히게 마련이다. 적이 얼굴이나 몸을 젖히게 되면 이길 수 있는 수단도 여러 가지가 있다. 꼼꼼하게 깊이 연구해야 한다.

싸우는 동안에 적이 몸을 뒤로 젖히는 상태가 되면 이는 곧 이긴 것이나 다름없다. 그러므로 '안면 찌르기'를 잊어서는 안 된다. 무예를 수련하는 동안 이렇듯 유리한 방법을 잘 단련해야 한다.

# 가슴 찌르기

'가슴 찌르기'란 싸우는 도중 위쪽과 측면이 다 막혀 있는 장소에서 도저히 적을 벨 수 없을 때 적을 찌르는 방법이다.

공격해 들어오는 적의 다치를 피하기 위해서는 적의 방향으로 수직이 되게 칼등을 곧게 세운 후 칼끝이 비뚤어지지 않도록 끌어당겼다가 적의 가슴을 찌른다.

이 방법은 오로지 자신이 지쳤을 때, 또는 칼로 벨 수 없을 때와 같은 다급한 상황에서만 사용한다. 잘 판단해야 한다.

# 기합 넣기

'카쓰喝 · 토쓰咄'란 공격해 들어가는 것을 적이 되받아칠 때, 아래쪽에서 적을 찌르듯이 다치를 들어올리고, 돌려보내는 힘으로 치는 것을 말한다.

어느 쪽이든 빠른 박자로 '카쓰' '토쓰'라고 기합을 넣으며 친다. '카쓰' 하며 다치를 들어올리고 '토쓰' 하며 치는 호흡이다.

이 동작은 언제나 한쪽의 공격에 대해 상대가 즉시 반격하는 동안에만 만나게 된다. '카쓰 · 토쓰'는 칼끝을 들어올리듯이 적을 친다는 생각으로 칼을 들어올림과 동시에 단숨에 치는 박자다. 열심히 연습하며 검토해야 한다.

# 맞받기

'맞받기'란 적과 자신이 서로 칠 때 박자가 잘 맞지 않아 요란한 소리를 내게 되면 적이 치고 들어오는 것을 자신의 다치로 때려낸 후 치는 것이다.

때려낸다는 것은 너무 강하게 때리거나 받는 것이 아니다. 공격해 들어오는 적의 다치에 맞춰서 그 다치를 때려내고, 때려내자마자 재빨리 적을 치는 것이다.

때려내거나 치기로 선수를 잡는 것이 중요하다.

때려내는 박자가 능숙해지면 적이 아무리 강하게 치고 들어오더라도 자신이 때려낼 마음만 있으면 칼끝이 떨어질 일은 없다. 잘 습득하고 검토해야 한다.

# 다적의 정도

'다적의 정도'란 혼자서 많은 적과 싸울 때를 말한다. 다치와 와키자시를 뽑아 좌우로 들고 다치를 옆으로 벌려 자세를 잡는다. 적이 사방에서 덤벼들더라도 이를 한쪽으로 몰아붙이듯이 싸우는 것이다.

적이 공격해올 때 어떤 적이 먼저, 어떤 적이 나중에 공격해올지 그 조짐을 잘 간파하여 먼저 덤벼드는 자와 먼저 싸운다.

전체의 움직임에 주의하면서 적이 공격해 들어오는 박자를 잘 파악하여 오른손과 왼손에 각각 쥔 다치와 와키자시로 단숨에 교차시키듯이 벤다. 그런 다음 사이를 두어서는 안 된다. 곧바로 좌우 옆구리 자세를 취하여 적이 나오는 것을 강하게 베어 쓰러뜨리고 그대로 다시 적이 나오는 쪽으로 공격해 들어가 쓰러뜨린다는 마음가짐이다.

어떻게든지 적을 한 줄로 묶인 생선처럼 몰아넣는 공세를 취해서 적의 대열이 흐트러져 무너질 것 같다 싶으면 그대로 곧장 사이를 두지 않고 강하게 쳐들어간다.

적이 뭉쳐 있는 곳을 정면으로 공격해서는 일이 뜻대로 되지 않는다. 또 적이 나오는 쪽에서 치려고 하면 적이 나올 때를 기다리는 마음이 생겨 역시 뜻대로 되지 않는다. 적이 공격해 들어오는 박자를 잘 파악해서 어떻게 하면 적의 대열을 무너뜨릴지를 알아야 이길 수 있다.

기회가 있을 때마다 상대를 많이 모아서 몰아넣는 연습을 몸에 익히면 한 명의 적은 물론 20명, 30명의 적을 이기는 것도 쉽다. 열심히 훈련하고 검토해야 한다.

# 되받아치기의 이점

'되받아치기의 이점'을 이용하면 병법에서 승리를 거두는 길을 익힐 수 있다. 이는 글로써 자세하게 기술하기 어려운 것으로 열심히 연습하여 이해해야만 한다. 구전으로 전하는 말을 명심하라.

"병법의 진수는 다치에 나타나 있다."

# 한 번의 타격

이 '한 번의 타격'에 의해 확실히 승리를 거둘 수 있다. 이것은 병법을 충분히 배우지 않으면 이해하지 못한다. 이 이치를 잘 익히면 자유자재로 병법을 사용하게 되어 마음먹은 대로 승리를 거둘 수 있다. 열심히 연습해야 한다.

# 직통直通의 정도

직통의 호흡은 니토이치류의 참된 길을 이어받아 전하는 것이다. 잘 단련하여 이 병법의 길을 익히는 것이 중요하다. 구전한다.

앞에 쓴 내용은 내 유파의 검술을 대략적으로 기술한 것이다.

병법에서 다치를 사용하여 상대에게 이기는 법을 습득하기 위해서는 우선 다섯 가지의 기본자세로 다섯 방향의 겨눔 자세를 배우고, 다치의 길을 익힌다. 그리하면 온몸이 자유롭게 움직이게 되고, 마음의 기능이 기민해지며 길의 박자를 깨닫게 되어 저절로 다치의 사용법도 훌륭해지고 몸도 다리도 마음먹은 대로 원활하게 움직이게 된다.

그에 따라 한 명을 이기고 두 명을 이기면서 이 병법의 선악을 깨닫게 되고, 이 책의 내용을 하나하나 연습하고 적과 싸우면서 점차로 이 길의 진리를 터득한다. 항상 마음에 두고서 초조해하지 말고, 그때그때 실제로 그 효용을 익혀 많은 상대와 겨루어 수행을 쌓음으로써 그 핵심을 배우도록 한다. 천리 길도 한 걸음씩 나아가야 한다.

이 병법의 길을 수행하는 것을 무사의 본분으로 알고 전념하여 오늘은 어제의 자신을 이기고, 내일은 자신보다 못한 사람을 이기며, 그다음에는 자신보다 실력이 뛰어난 자에게 이긴다는 생각으로 이 책에 쓰인 대로 연습하며 조금도 옆길로 마음을 빼앗기지 않도록 해야 한다.

설령 아무리 많은 적에게 이겨도 유파의 가르침에서 어긋나면 진정한 병법의 길이라고 할 수 없다. 여기에 쓰인 승리의 길을 터득하면 혼자서도 수십 명을 상대하여 이길 수 있다. 검술의 지식과 실력으로 많은 사람과 겨루는 전투나 일대일로 겨루는 싸움에서도 승리의 길을 터득할 수 있을 것이다.

천 일 동안의 연습을 단련(鍛)이라 하고, 만 일 동안의 연습을 연련(鍊)이라 한다. 깊이 검토해야 한다.


쇼호 2년 5월 12일

데라오 마고노조에게

신멘 무사시

불의

권

내 니토이치류의 병법에서는 전투를 불에 비유하여 승부에 관한 내용을 〈불의 권〉으로서 이 권에 기술하였다.

세상 사람들은 병법의 이점을 작고 말초적으로 해석하여, 혹은 손가락 끝에서 손목의 세세한 움직임을 몸에 익히고, 혹은 부채를 사용해서 팔꿈치부터 손끝까지의 느리고 빠름으로 승리가 결정된다고 이해한다. 또는 죽도 등으로 상대보다 조금이라도 빨리 움직이면 유리하다고 생각하고 팔다리의 움직이는 방법을 배워 조금이라도 빨라지려고 모든 노력을 기울인다.

나의 병법에서는 목숨을 건 수차례의 승부를 통해 생사의 갈림길을 분별하고, 검의 원리를 익힌다. 또 적이 휘두르는 다치의 강약을 판단하고 칼과 창의 사용법을 이해하여 적을 무찌르기 위해 단련하는데, 이때 손끝의 힘이 약한 것은 그다지 문제 삼지 않는다. 특히 갑옷으로 온몸을 무장하는 실전에서는 말초적인 기술에 의한 이익 따위는 생각지도 않는다.

또한 목숨을 건 전투에서 혼자 다섯 명, 열 명과 싸워 확실하게 이기는 길을 아는 것이 니토이치류의 병법이다. 따라서 혼자 열 명에게 이기는 것이나 천 명이 만 명에게 이기는 것은 모두 같은 원리라고 할 수 있다.

그러나 매번 연습할 때마다 천 명이나 만 명을 모아놓고 병법의 길을 배울 수는 없다. 혼자서 다치를 들고 연습해도 적의 지략을 간파하거나 적의 장단점과 수법을 파악해야 한다. 병법의 지덕智德을 쌓으면 만 명의 적에게 이기는 길을 깨닫고 마침내 달인의 경지에 이르게 된다.

내 병법의 참된 길을 이해한 사람은 이 세상에서 자기 외에 누가 있겠는가. 또 자신이야말로 최고라고 굳게 마음먹고 아침저녁으로 단련해야 한다. 기술을 갈고 닦는 동안 자연스럽게 생각대로 되고 스스로 기적을 증명하며 신통력을 얻을 수 있다. 이것이 바로 무사로서 병법을 수행하는 의기와 마음가짐이다.

# 장소에 따라

전투에서 가장 중요한 것은 유리한 장소를 선점하는 것이다. 우선 위치를 정하는 데 해를 등진다는 원칙이 있다. 해를 등지고 자세를 잡는 것이다. 만약 장소에 따라서 해를 등질수 없는 경우에는 적어도 오른쪽 옆으로 해가 오도록 자리를 잡아야 한다.

실내에서도 불빛을 등지거나 오른쪽 옆으로 오게 하는 것은 같은 이치다. 따라서 자신의 뒤쪽이 막히지 않도록 왼쪽에 여유 공간을 두도록 하고, 오른쪽을 틀어막는 자세를 취해야 한다. 밤이라도 적이 보이는 경우라면 역시 불빛을 등지거나 오른쪽 옆으로 오게 한다.

'적을 내려다본다'는 말이 있다. 조금이라도 적보다 높은 곳에서 자세를 취해야 한다는 뜻이다. 실내에서는 윗자리를 높은 곳이라고 생각하면 된다.

전투가 시작되면 적을 자신의 왼쪽으로 몰아가되, 험지를 적의 뒤쪽에 오게 하고 어떻게든 험지 쪽으로 적을 몰아넣는 것이 매우 중요하다. 지형이 험해서 통행이 어려운 장소에서는 적이 주위를 둘러볼 여유를 갖지 못하도록 몰아치는 것이 좋다. 실내인 경우 문지방, 문턱, 문, 마루, 기둥 쪽으로 적을 모는 것이 좋고 이때도 적이 주위에 신경 쓰지 못하도록 한다.

어떤 경우라도 적을 몰아갈 때는 움직이기 어려운 곳, 또는 한쪽에 장애물이 있는 곳으로 유도하고 그 장소에서 유리한 쪽에 자신이 자리 잡는 것이 중요하다.

꼼꼼히 검토하고 꾸준히 단련해야 한다.

# 선수先手를 치는 세 가지 방법

'세 가지 선수'란 첫째 자신이 먼저 적에게 다가가는 '적극적인 선수', 둘째 적이 접근해올 때 취하는 '기다리는 선수', 셋째 자신도 다가가고 적도 다가오는 '서로 다가가는 선수'를 말한다.

어떤 싸움이든 처음에는 다 이 세 가지 선수로 시작된다. 선수를 치는 방법에 따라 승기를 빨리 잡을 수 있으므로 '선수'는 병법에서 매우 중요하다.

'선수'의 세세한 내용에는 여러 가지가 있지만 어떤 '선수'를 쓰느냐는 그때그때 상황에 따라 선택하도록 한다. 적의 의도를 간파하고, 내 병법의 지력智力를 이용해서 승리할 수 있으므로 세세하게 구분해서 쓰지는 않겠다.

첫째, '적극적인 선수'.

우선, 이쪽에서 공격하려고 결심했을 때 조용히 준비하고 있다가 불시에 재빠르게 돌진하는 방법이다. 겉으로는 강하고 민첩하지만 마음은 여유를 가지는 병법이라 할 수 있다.

그리고 기력을 충분히 갖추고 평소보다 빠른 걸음으로 적의 옆으로 다가가 단숨에 적을 제압하는 방법도 있다.

또 마음을 비우고 처음부터 끝까지 철저하게 적을 압도하겠다는 정신력으로 상대를 공격하는 방법도 있는데, 이것은 철저히 적을 이기겠다는 정신이다. 이러한 방법 모두가 바로 '적극적인 선수'다.


둘째, '기다리는 선수'.

우선, 적이 자신 쪽으로 다가올 때 무방비 상태인 듯 약한 모습을 보이다가 막상 적이 가까이 오면 갑자기 확 물러서서 적의 빈틈을 단숨에 공격하여 승부를 결정짓는다. 이것이 '기다리는 선수' 중 하나의 방법이다.

또 하나의 '기다리는 선수'는 적이 공격해올 때 이쪽에서도 강하게 나가면 적이 공격해오는 박자가 바뀐다. 그 순간을 놓치지 않고 그대로 승리로 이끈다. 이것이 '기다리는 선수'의 이치다.

셋째, '서로 다가가는 선수'.

이것은 적이 빠르게 돌진해오는 경우, 자신은 천천히 강하게 다가가다가 마침내 적이 가까이 왔을 때 과감하게 자세를 바꾸어 적이 방심한 순간 단번에 공격하여 이기는 것이다.

반대로 적이 천천히 다가오는 경우, 자신은 빠르게 몸을 날려서 적이 근접하면 한차례 접전을 벌이다가 적의 반응을 보며 강하게 몰아쳐서 승리로 이끄는 방법이다. 이상이 '서로 다가가는 선수'다. 이러한 진퇴는 여기에서 세세하게 설명하기는 어렵다.

위에 적은 내용을 대강의 기본으로 삼아 연구하길 바란다. 세 가지 '선수'는 상황에 따라 이치에 맞게 선택한다. 항상 자신이 먼저 공격해야 하는 것은 아니지만 이왕이면 적극적으로 다가서서 싸움의 기선을 잡는 편이 좋다.

어쨌든 선수란 병법을 헤아리는 능력에 의해 반드시 승리할 수 있는 원칙이다. 충분히 단련할 필요가 있다.

# 베개 누르기

'베개 누르기'란 적이 고개를 들지 못하도록 한다는 의미다. 병법, 승부의 길에 있어서 상대에게 압도당해 기선을 빼앗겨서는 안 되며, 또 적이 자유롭게 움직이도록 놔두어서도 안 된다.

적도 마찬가지로 이와 같은 생각을 할 것이므로 상대의 자세를 파악해서 민첩하게 행동해야 한다. 병법에서 말하는 '베개 누르기'는 적이 치거나 찌르는 것을 막고, 적이 달라붙는 것을 떨쳐내는 방법이다.

내 병법의 길을 머릿속에 기억하고 적과 겨룰 때 적이 무엇을 하든 적의 의도를 미리 파악해서 적이 공격해 들어오려는 조짐을 보이는 그 순간에 적을 제압하여 다음 동작을 하지 못하게 한다는 의미다.

적이 기술을 사용하는 경우 그 기술이 대수롭지 않을 때는 그대로 내버려두고 그렇지 않은 경우에는 확실히 제압해야 하는데, 적이 무엇이든 할 수 없게 만드는 것이 병법에서는 매우 중요한 사항이다.

적이 하려는 것을 제압한다고 생각하는 것은 달리 표현하면 이미 선수를 빼앗기는 것이다. 선수를 빼앗겨도 자신이 먼저 병법의 길에 따라 기술을 사용하면서 적이 하려는 것을 무력화시키며 적을 자유롭게 조정하는 것이 병법의 달인이라 할 수 있다.

이 역시 단련의 결과다. '베개 누르기'라는 말을 깊이 되새기기 바란다.

# 도 넘기

'도 넘기'라는 것은 예를 들어 바다를 건널 때 좁은 해협을 만나기도 하고 400리, 500리의 넓은 바다를 건너는 경우도 있는데, 이것을 '도渡'라 한다.

인생의 바다를 건널 때 사람은 일생 동안 여러 번의 위기를 만난다. 배를 타고 갈 때는 건널 곳(도)의 위치를 파악하고 배의 성능을 확인한 후 날씨가 좋은지 나쁜지를 살펴서 그때그때 상황에 맞춰 바람에 밀려가거나 바람이 몰고 가는 쪽으로 나아간다.

만약 바람의 방향이 바뀌더라도 20리나 30리는 노를 저어서라도 항구에 도착하겠다는 각오로 배를 타고 '도'를 넘는 것이다.

이러한 마음가짐으로 인생의 바다를 건널 때도 최선을 다해서 난관을 헤쳐 나가려는 결심이 필요하다.

병법에서도 전투 시에 '도를 넘는다'는 것은 매우 중요하다. 적의 상태와 실력을 살피고 자신의 강점을 잘 발휘하여,

병법의 이치로 어려운 고비를 극복한다는 것은 뛰어난 선장이 바닷길을 건너는 것과 마찬가지다.

난관을 극복하고 나면 그 후에는 안심할 수 있다. 도를 넘으면 적의 약점이 눈에 보이고 자신이 우위를 차지할 수 있으며 대부분의 경우 승리를 쟁취할 수 있다. 크든 작든, 모든 승부에서 '도를 넘는다'는 것은 매우 중요하다. 이를 곰곰이 생각해야 한다.

# 판세 읽기

'판세 읽기'는 다수와 다수의 전투에서 적의 사기가 높은 지 낮은지를 파악하고, 적의 심리 상태와 주변 환경 요인, 적의 상태를 면밀히 관찰하여 이를 바탕으로 어떻게 아군을 움직여서 작전을 성공시킬지 판단하는, 앞날을 전망하여 싸우는 것을 의미한다.

또 일대일의 싸움에서도 적의 특기를 이해하고 상대의 인품을 관찰한 뒤 그 사람의 강점과 약점을 찾아내 적의 예상과는 전혀 다른 방법으로 공격하고, 적의 사기가 올라가 있을 때와 그렇지 않을 때의 흐름을 잘 포착해서 선수를 치는 것이 중요하다.

모든 것의 판세라는 것은 지력이 뛰어난 사람이라면 반드시 파악할 수 있다.

병법을 자유롭게 구사하기 위해서는 적의 생각을 헤아려서 이기는 방법을 알아낼 수 있어야 한다. 위의 사실을 충분히 연구하길 바란다.

# 검 짓밟기

'검 짓밟기'는 병법에서 흔히 쓰는 기술이다.

대규모 전투의 경우, 아무리 활과 총포로 무장하고 있다고 해도 적이 아군 쪽으로 밀려올 때는, 적은 우선 활과 총포를 쏘고 나서 밀려오는 것이기 때문에 그것에 대비하여 화살을 메기고 총포에 화약을 장전하고 있다가는 적진으로 공격해 들어갈 수 없다.

적이 화살을 준비하고 총알을 장전하는 동안 재빨리 공격하는 것이 중요하다. 적보다 빨리 공격해 들어가면 적은 활을 쏠 수 없다. 총포도 쏠 수 없다. 적이 공격할 준비를 하는 순간을 노려 미리 그 공격을 짓밟아버려서 승리로 이끈다는 방법이다.

일대일의 싸움에서도 적이 검을 휘두르고 나서 공격하다가는 엇박자가 나서 상황이 진척되지 않는다. 공격해 들어오는 적의 검을 발로 짓밟아버린다는 생각으로 맞받아쳐서 적이 두 번 다시 검을 내밀지 못하도록 해야 한다.

짓밟는다는 것은 단지 발로 밟는 것만을 뜻하지 않는다. 몸과 마음, 그리고 검으로 적이 두 번 다시 공격할 수 없도록 만들어야 한다.

다시 말해서 기선을 제압하는 것과 같은 이치다. 하지만 적이 공격할 준비를 하는 것과 동시에 공격하라는 것이긴 해도, 정면으로 맞붙으라는 의미는 아니다. 적의 행동에 따라 공격을 시작한다는 호흡이다. 곰곰이 연구해야 한다.

# 무너지는 순간을 놓치지 말라

　무너지는 순간은 어떤 것에든 있다. 집이 무너지거나 몸이 무너진다, 적이 무너진다는 것은 모두 어느 시점에 이르러서 박자가 흐트러졌기 때문에 생기는 일이다.

　대규모 전투에서도 적이 무너질 수 있도록 동요하게 만든 후 그때를 놓치지 않고 궁지에 몰아넣는 것이 상당히 중요하다. 방심하고 있다가 적이 무너지는 순간을 놓치면 적이 다시 소생할 여지가 생길 수 있으므로 주의한다.

　일대일의 싸움에서도 싸우는 동안 적의 박자가 흐트러져서 무너지기 시작하는 순간이 반드시 온다는 사실을 명심한다. 만약 방심하고 있다가 몰아붙이는 순간을 놓치게 되면 적에게 다시 공격할 수 있는 기회를 주게 된다.

　적이 무너지는 순간에 절대로 다시 일어날 수 없도록 확실히 결정타를 날리는 것이 중요하다. 결정타는 한 번에 강하게 내려쳐서 완전히 박살내버리는 것을 말한다. 만약에 적을 박살내지 못하면 다시 살아나게 된다. 잘 연구하길 바란다.

# 적의 입장 되기

'적의 입장 되기'는 나 자신이 적의 입장이 되어 생각하라는 말이다. 세상 사람들은 도둑질을 하고 집 안에 숨어버린 도둑이라도 자신의 적이라면 매우 강하다고 생각하는 경향이 있다. 하지만 적의 입장에서 생각하면 세상 사람들 모두를 상대로 도망쳐서 숨어버린 격이다. 비유하자면 집 안에 숨어 있는 도둑은 꿩이고, 그 도둑을 쫓는 사람은 매다. 이 사실을 염두에 둘 필요가 있다.

대규모 전투의 경우 적이 강하다고 생각해서 큰일을 앞두고 소극적인 자세를 취하기 쉽다. 그러나 강한 군대를 거느리고 병법을 이해하며, 적을 이길 수 있는 이치를 알고 있다면 아무 걱정할 필요 없다.

일대일의 싸움에서도 적의 입장이 되어 생각해야 한다. 병법을 잘 이해하고, 병법의 이치에도 밝고, 그 길의 달인과 맞선다면 누구나 패할 수 있다고 생각하게 마련이다. 깊이 새겨두어야 할 사항이다.

# 네 개의 손 풀기

'네 개의 손 풀기'란 적과 자신이 같은 마음으로 팽팽히 맞서고 있다면, 전투는 더 이상 진전되지 못하기 때문에 이때는 그때까지 취하고 있던 자세를 모두 버리고 다른 수단을 사용할 줄 알아야 한다는 것을 의미한다.

대규모 전투에서 교착 상태에 빠져 도무지 결말이 보이지 않는 경우에는 자칫 인명 피해가 커질 수 있다. 한시라도 빨리 대결 구도에서 벗어날 수 있도록 마음을 비우고 적의 의표를 찌르는 방법으로 승리를 쟁취해야 한다.

일대일의 싸움에서도 교착 상태에 빠졌다고 느낄 때는 방법을 바꿔서 적의 의표를 찌르는 다른 유리한 수단으로 승리를 쟁취해야 한다. 잘 판단해서 행동해야 한다.

# 그림자 움직이기

'그림자 움직이기'는 적의 심중을 판단할 수 없을 때 사용하는 방법이다.

대규모 전투에서도 도저히 적의 상황을 분별할 수 없을 때는 마치 강하게 도발하는 것처럼 가장해서 적의 수법을 알아내는 것이 중요하다. 적의 수법을 알아내면 그에 상응하는 방법으로 이기는 것은 쉬운 일이다.

일대일의 싸움에서도 적이 뒤에서 검을 겨누고 있거나 옆에서 자세를 잡고 있어서 언제, 어떻게 공격해올지 모를 때는 갑자기 적을 공격하려는 듯한 자세를 취하면 적은 그 순간 자신의 노림수를 드러낸다. 그 노림수를 알게 되면 상황에 맞는 유리한 수단으로 싸움을 확실한 승리로 이끌 수 있다. 하지만 자칫 방심하면 공격하는 박자를 놓칠 수 있다. 잘 검토해야 한다.

# 그림자 누르기

'그림자 누르기'는 적이 먼저 공격하려는 움직임을 보였을 때 취하는 방법이다.

대규모 전투에서 적이 어떤 전법을 구사하려고 할 때 이쪽에서 그 시도를 제압하려는 움직임을 강하게 보이면 그 기세에 압도되어 적은 전법을 바꾼다. 이때 자기 쪽에서도 목표를 바꾸고 마음을 비운 후 선수를 치면 승리를 쟁취할 수 있다.

일대일의 싸움에서도 적의 강력한 기세를 자신의 공격 박자에 맞춰 제압한 뒤, 적이 멈춘 틈을 이용해서 선수를 친다. 깊이 연구해야 한다.

# 옮기기

'옮기기'는 모든 일에 적용된다. 예를 들어 졸음이나 하품은 다른 사람에게 옮길 수 있고, 시간 또한 옮길 수 있다.

대규모 전투에서 적이 흥분한 상태에서 일을 서두르려는 기미가 보일 때, 이쪽에선 전혀 상관없다는 듯 여유 있는 태도를 취하면 적도 그 영향을 받아 느슨해지게 된다. 적이 영향을 받았다고 생각하는 순간 적을 강하고 빠르게 공격하면 승리를 얻을 수 있다.

일대일의 싸움에서도 몸과 마음이 풀어진 듯한 모습을 보이면 적이 방심하게 된다. 그때를 놓치지 않고 선수를 쳐서 승리로 이끄는 것이 중요하다.

또 적의 심리를 이용하는 방법으로는 지루한 마음이나 흥분한 상태, 약한 마음이 들게 하는 것도 있다. 위의 방법을 잘 연구하라.

# 약 올리기

상대를 약 올려서 화가 나게 만드는 방법에는 여러 가지가 있다.

첫째가 위험을 느끼게 하는 것이고, 둘째가 불가항력이라는 생각을 갖게 하는 것이며, 마지막으로 예상 밖의 상황을 만드는 것이 그 방법이다. 깊이 연구할 필요가 있다.

대규모 전투에서도 상대의 약을 올려서 화가 나게 하는 것은 중요하다. 적이 예상치 못한 곳을 격렬한 기세로 공격해서 적이 동요를 일으키는 동안 아군이 유리하도록 선수를 쳐서 이기는 것이 중요하다.

일대일의 싸움에서도 처음에는 느긋한 태도를 취하다가 갑자기 강하게 달려들어 적을 흔들어놓은 후 잠시도 쉴 틈을 주지 않고 유리한 입장에서 승리를 얻어야 한다. 깊이 음미해 보아야 한다.

# 위협하기

겁을 먹는다는 것은 일상생활에서도 흔히 있는 일이다. 이는 주로 예상치 못한 것으로부터 온다.

대규모 전투에서 적을 위협한다는 것은 눈에 보이는 행동뿐만이 아니라 큰 소리로 위협하거나 소수의 병력을 많은 것처럼 보이게 하여 위협하는 것, 또는 기습을 가해 위협하는 방법 등이 있다. 이러한 것들은 상대에게 공포심을 갖게 하는 방법이다. 이처럼 적이 겁을 내는 순간을 파고들어 승리를 거두어야 한다.

일대일의 싸움에서도 몸으로 위협하고, 검으로 위협하고, 목소리로 위협하고, 적이 예기치 못한 순간에 느닷없이 공격해서 겁을 먹은 순간을 파고들어 승리를 쟁취하는 것이 중요하다. 깊이 연구하길 바란다.

# 얽히기

'얽히기'는 적과 자신이 서로 팽팽히 맞서서 좀처럼 승부가 나지 않는다고 판단이 설 때 적과 하나로 얽혀 싸우면서 유리한 전법을 구사해 승리하는 방법을 말한다.

대규모이건 소규모이건 전투에서 적군과 아군으로 나뉘어 대결할 때 서로 접전이 벌어져 승패가 나지 않는 경우가 있다. 이럴 때는 계속 적에게 끈질기게 달라붙어 혼란 상태를 만든 후 기회를 엿보다가 승리할 수 있는 길을 찾아내 단숨에 이기는 것이 중요하다. 위의 사실을 잘 새겨두어야 한다.

# 모서리 치기

'모서리 치기'는 사물의 강한 부분을 치는 경우 제대로 칠 수 없을 때 모서리를 치는 것이다.

대규모 전투에서도 적의 세력을 파악해 그중에서 가장 강한 부분의 모서리를 공격하면 우위를 차지할 수 있다. 모서리의 기세가 꺾이면 전체의 기세도 꺾인다. 전체의 기세가 꺾여 있는 동안에도 요소요소를 공격해서 승리를 거두는 것이 중요하다.

일대일의 싸움에서도 적의 모서리에 상처를 입히면 몸에서 점점 힘이 빠지고 마침내 무너지게 되어 쉽게 이길 수 있다. 이 점을 잘 연구해서 승리하기 위한 비결로 삼아야 한다.

# 갈팡질팡하게 하기

'갈팡질팡하게 하기'는 적이 마음을 확실히 정하지 못하게 하는 것이다.

대규모 전투에서도 전장에서 적의 노림수를 꿰뚫어보고 병법을 이용해 적의 마음을 여길까, 저길까, 이럴까, 저럴까, 늦을까, 빠를까와 같이 여러모로 혼란스럽게 만들어 적이 갈팡질팡하는 순간을 놓치지 않고 확실하게 이기는 길을 판별한다.

일대일의 싸움에서는 기회를 잘 봐서 여러 가지 기술을 구사해 공격하거나 혹은 공격하는 시늉을 하거나 공격해 들어온다고 생각하게 하여 적이 당황하는 순간에 파고들어가 생각대로 이기는 것, 이것이 싸움의 핵심이다. 꼼꼼히 검토해야 한다.

# 세 가지 목소리

'세 가지 목소리'란 전반, 중반, 후반 각각 목소리를 달리하라는 말이다. 경우에 따라서 목소리를 내는 것은 매우 중요하다. 목소리는 기운을 북돋아주기 때문에 화재 같은 것이 났을 때도 소리를 지르고, 바람이나 파도를 향해서도 소리를 지른다. 목소리는 자신의 기세를 보여준다.

대규모 전투에서 처음에 내는 목소리는 상대에게 위압감을 줄 수 있도록 크게 내는 것이 좋다. 또 전투 중간에는 배에 힘을 주어 낮은 저음의 목소리를 내고, 전투에서 승리한 후에는 강하고 우렁찬 승리의 환호성을 지른다. 이것이 세 가지 목소리다.

일대일의 싸움에서도 적을 움직이게 하기 위해서는 공격하려는 순간 "이얍!" 하고 기합을 넣고 나서 다치를 휘두른다. 또 적을 처치한 후 내는 소리는 승리를 알리기 위해서다. 이 두 가지를 '전후의 목소리'라고 한다. 다치로 치는 것과 동시에 큰 소리를 내지 않는다. 싸움 중에는 박자를 맞추기 위해서 목소리를 높이지 않는다. 이상의 내용을 잘 연구해야 한다.

# 혼돈 일으키기

'혼돈 일으키기'는 대규모 전투에서 적의 힘이 강하다고 판단되면 먼저 한쪽을 공격해서 적이 무너지는 것을 확인한 후 재빨리 다른 쪽을 공격하여 적이 정신을 못 차리도록 한다는 말이다. 즉, 이쪽저쪽 종횡무진 공격하라는 의미다.

혼자서 수많은 적을 상대로 싸울 때도 위의 전술이 중요하다. 한쪽만을 공격해서 이기는 것이 아니라 한쪽을 공격하다 도망가면 또 다른 강한 쪽을 공격해서 적의 박자를 흐트러뜨리고 자신에게 유리한 박자로 좌우 사방을 공격한다는 마음으로 적의 상황을 살피면서 공격한다. 적의 상황을 파악한 뒤 공격하는 경우는 조금도 지체하지 않겠다는 각오로 승리를 쟁취하는 방법이다.

혼자서 적의 진지에 파고들 때도 강력한 적을 만날 경우 이런 자세가 필요하다. 한 치의 물러섬도 없이 적을 공격하여 정신을 못 차리도록 해야 한다. 이 사실을 잘 새기길 바란다.

# 쳐부수기

  '쳐부수기'는 이를테면 적을 약자로, 자신은 강자로 생각하고 적을 단번에 박살내는 호흡이다.

  대규모 전투에서도 의외로 적의 인원이 많지 않다는 사실을 알았을 때나 혹은 인원이 많아도 적이 갈피를 못 잡으며 약해져 있을 때는 초장에 제압해서 단숨에 쳐부수어야 한다. 적을 어설프게 쳐부수면 적이 소생할 가망이 있으므로 완전히 박살내야 한다는 사실을 잘 이해하기 바란다.

  일대일 싸움의 경우에도 자신보다 미숙한 상대이거나 또는 적의 박자가 흐트러져서 도망치려 할 때는 숨 돌릴 틈도 주지 않고 매정하게 단숨에 쳐부수는 것이 중요하다. 절대로 적이 다시 일어나지 못하도록 하는 것이 가장 중요하다. 위의 사항을 잘 검토할 필요가 있다.

# 산과 바다의 교차

'산과 바다의 교차'는 적과 자신이 싸우는 동안 같은 행동을 자주 반복하는 것은 좋지 않다는 의미다.

같은 행동을 두 번 반복하는 것은 어쩔 수 없다. 하지만 같은 행동을 세 번 반복해서는 안 된다. 적에게 기술을 걸었는데 한 번에 성공하지 못했다면 다시 한 번 공격해도 처음의 효과에는 미치지 못한다.

특히 방법을 약간 달리해서 적의 의표를 찔렀지만 여전히 결과가 좋지 않은 경우에는 완전히 다른 방법을 강구해야 한다.

만약에 적이 산이라면 바다로 대응하고, 적이 바다라면 산으로 대응하는 식으로 적의 의표를 찌르는 것이 병법의 길이다. 이 사실을 마음 깊이 새겨두길 바란다.

# 뿌리째 뽑기

'뿌리째 뽑기'는 적과 싸울 때 유리한 병법을 사용하여 겉으로는 승리한 듯이 보여도 적이 아직 전의를 상실하지 않아 완전히 이겼다고 볼 수 없는 경우에 적용되는 말이다. 즉, 적이 겉으로 봐서는 패배했지만, 마음속에는 아직 지지 않았다는 투지가 남아 있는 경우가 있다. 이 사실을 눈치챘을 때는 마음을 재빨리 가다듬고 적의 투지를 꺾어서 적이 깨끗이 패배를 인정할 수 있도록 만들어야 한다.

이 '뿌리째 뽑기'는 다치, 몸, 정신을 모두 동원하여 완전히 뽑아버리는 것이지만, 일괄적으로 분간할 수는 없다. 적의 마음이 완전히 무너진 경우를 제외하고는 항상 경계를 늦추지 말아야 한다. 적의 마음속에 재기의 싹이 남아 있다면 완전한 승리를 얻기 힘들다.

대규모 전투이건 일대일의 싸움이건 상대에게 여력을 주지 않는 방법을 잘 단련해야 한다.

# 새로워지기

'새로워지기'는 적과 자신이 싸울 때 접전이 벌어지며 좀처럼 결말이 나지 않는 경우, 그때까지 갖고 있던 자신의 노림수를 버리고 새로운 눈으로 사물을 바라보는 마음가짐으로 그 박자에 맞춰 승리의 길에 다가서는 것을 말한다.

'새로워지기'는 적과 자신이 교착 상태에 빠졌을 때 자신의 계획을 수정 또는 변경해서 다른 유리한 수단으로 이기는 방법이다.

대규모 전투에서도 새로워지는 시점이 되었다는 사실을 판별하는 것이 중요하다. 병법의 지력을 터득하고 있으면 금세 상황을 판별할 수 있다. 깊이 연구하길 바란다.

# 쥐의 머리, 소의 목

'서두우수鼠頭牛首'는 쥐의 소심함과 소의 대범함을 뜻하는 말로 적과 싸우는 동안 서로 자잘한 공격만 주고받으며 교착 상태에 빠졌을 때 병법의 길을 늘 서두우수, 서두우수라고 생각하면서 지극히 사소한 걱정에서 대범한 마음으로 돌변하여 국면 전환을 꾀하는 병법의 마음가짐 가운데 하나다.

무사는 평소에도 이러한 서두우수의 마음가짐을 항상 지니고 있는 것이 중요하다. 대규모 전투나 일대일의 싸움에서도 위의 마음가짐을 잊지 말아야 한다. 깊이 새겨두어야 할 사항이다.

# 장졸將卒 알기

'장졸 알기'는 전투를 벌일 때 항상 주도권을 잡으라는 의미다. 병법의 지력에 따라 적을 모두 자신의 부하로 여기고 움직이고 싶은 대로 움직인다는 마음으로 적을 자유자재로 밀고 당기는 것이다. 자신은 장군이고 적은 부하인 병졸이다. 잘 새기길 바란다.

# 칼자루 놓기

'칼자루 놓기'에는 여러 가지 의미가 포함되어 있다. 무기 없이 이긴다는 의미와 다치를 갖고 있어도 이길 수 없다는 의미도 있다. 구체적인 내용에 대해서는 모두 다 기록할 수 없다. 이것은 단련을 통해 터득해야 한다.

# 바위 같은 몸

'바위 같은 몸'은 병법의 길을 마음에 새김으로써 바위처럼 단단해져서 어떤 공격도 막아낼 수 있도록, 어떤 공격에도 움직이지 않도록 강해지라는 의미다. 구전한다.

앞에서 기술한 것들은 니텐이치류의 검술을 행하면서 끊임없이 생각나는 것만을 적은 것이다. 전투에서 승리하는 길을 처음으로 기술한 터라 앞뒤가 혼동되어 있고 세세하게 설명할 수도 없었다.

그러나 병법의 길을 배우려고 하는 사람들에게는 충분히 마음의 길잡이가 되어줄 것이다.

자신은 어렸을 때부터 병법의 길에 전념하며 오로지 검술을 익히는 데만 노력하고 몸을 단련해왔다. 다양한 마음의 수행을 거듭하며 다른 유파 사람들에게도 탐문한 결과 혹은 말만 앞세워서 구워삶거나, 혹은 손재주로 잔기술을 부려서 사람들 눈에는 대단한 것처럼 보이지만 진실된 마음은 하나도 없다.

물론 이런 사람들도 이러한 것을 배우고 있으면서도 몸을 단련하고 마음의 수행을 쌓고 있다고 생각하지만, 이러한 것들은 모두 병법의 길에 해가 되고 먼 훗날까지도 나쁜 영향이 사라지지 않아 병법의 참된 길이 썩어 없어지고 검의 길이 쇠퇴하는 원인이 된다.

검술의 참된 길은 적과 싸워서 승리하는 것이며 이는 절대 바뀌지 않을 것이다. 내 병법의 지력을 습득해서 그것을 온전히 실천한다면 승리를 얻는 것은 의심할 여지가 없다.

쇼호 2년 5월 12일

데라오 마고노조에게

신멘 무사시

바람의 권

병법에서는 다른 유파의 길을 아는 것이 중요하므로 다른 병법의 각 유파를 〈바람의 권〉에 기술하도록 하겠다.

다른 유파의 길을 모르고는 나의 니텐이치류를 완벽하게 이해할 수 없다.

다른 병법을 조사해보면 길이가 긴 다치를 사용하고, 힘이 강한 것만을 장점으로 내세우는 유파가 있는 반면, 짧은 다치를 사용하는 것에 전념하는 유파도 있다. 혹은 다치의 형태를 다양하게 고안하고, 다치의 자세를 기본이니 비법이니 해서 그 길을 전해주는 유파도 있다.

그러나 이러한 것들은 모두 진실된 길이 아니라는 것을 이번 권에서 확실하게 설명하여 좋고 나쁨과 옳고 그름을 알리고자 한다.

다른 유파에서는 병법을 예능의 하나로 생각하고 생계의 수단으로서 화려한 기교를 다듬어 상품으로 판다. 바로 그것이 진정한 길에서 벗어난 점이다.

세상의 다른 병법들은 검술에만 한정하여 다치 휘두르는 법을 연습하고, 몸놀림을 배우고, 그 기교가 향상됨에 따라 이기는 길을 찾아내려고 하는데 그것은 모두 진정한 길이 아니다.

여기에 다른 유파의 불충분한 점을 하나하나 기록한다. 깊이 음미하여 나의 니텐이치류가 우위에 있는 핵심 요소를 깨닫기 바란다.

# 다른 유파에서 길이가 긴 다치를 선호하는 이유

다른 유파에서는 길이가 긴 다치를 선호한다. 하지만 니텐 이치류에서는 이것을 나약한 방식으로 판단한다.

왜냐하면 어떻게 해서라도 상대를 이길 수 있는 이치를 터득하려 하지 않고 단지 다치의 길이에만 의존해서 적과 멀리 떨어진 곳에서 승리를 거두고자 하기 때문이다.

이것을 세상 사람들은 "팔이 조금이라도 길면 유리하다." 는 말로도 표현하는데, 이는 병법을 모르는 사람들의 말이다. 그러므로 병법의 이치를 모르고 다치의 길이에 의존해서 적과 멀리 떨어져 승리를 얻으려 하는 것은 마음이 약하다는 증거이며 이것을 약자의 병법이라고 간주하는 것이다.

만약 적과의 거리가 가깝고, 서로 얽혀 있을 때는 다치가 길수록 상대를 치기 어렵고 다치를 자유롭게 휘두를 수도 없으며 다치가 오히려 짐이 되어 짧은 와키자시를 사용하는 사람에 비해 불리해진다.

길이가 긴 다치를 선호하는 사람은 나름대로 이유가 있겠지만, 그것은 자기 합리화를 위한 핑계에 불과하다. 세상의 이치에서 보면 도리에 어긋난 일이다. 길이가 긴 다치가 없어서 짧은 다치를 사용한다고 해서 반드시 진다고 할 수 있을까?

또 장소에 따라서 상하좌우 모두 막혀 있는 경우, 와키자시밖에 사용할 수 없는 상황인데도 긴 다치를 선택하는 것은 병법의 혼란을 초래하는 나쁜 태도라고 할 수 있다. 또 사람에 따라서는 힘이 약해서 긴 다치가 맞지 않는 사람도 있다.

옛 속담에 "큰 것은 작은 것을 겸한다."는 말이 있고, 나 또한 이유도 없이 길이가 긴 다치를 싫어하는 것은 아니다. 단지 긴 다치에만 집착하는 마음을 싫어하는 것이다.

대규모 전투에 비유하면 긴 다치는 많은 수의 병력에, 짧은 다치는 적은 수의 병력에 해당한다. 소수의 병력과 다수의 병력은 전투를 할 수 없을까? 오히려 소수의 병력으로 다수의 병력을 이긴 예는 수없이 많다. 나의 니텐이치류에서는 그렇게 편협한 마음을 싫어하는 것이다. 꼼꼼히 검토해야 한다.

# 다른 유파에서 말하는 강한 다치

다치 사용법에 강한 다치, 약한 다치라는 것은 없다. 강한 마음으로 휘두르는 다치는 거칠다. 거칠기만 해서는 승리를 거두기 어렵다.

또 사람을 벨 때 다치를 억지로 강하게 휘두르려고 하면 오히려 베지 못한다. 연습으로 벨 때도 강하게 베려고 하는 것은 좋지 않다.

적과 대결할 때 약하게 벨지 강하게 벨지 생각하는 사람은 거의 없다. 다만 사람을 다치로 베서 죽이려고 마음먹었을 때는 강하게 베려는 마음도 없고, 물론 약하게 베려는 마음도 없고, 오로지 적을 죽이겠다는 생각만 한다.

혹은 상대의 다치를 강하게 내려치면 자세가 흐트러져서 틀림없이 나쁜 결과를 초래한다. 상대의 다치와 너무 강하게 부딪치면 그 반동으로 인해 자신의 다치도 움직임이 느려지기 때문이다.

이상과 같은 이유로 강한 다치 운운하는 것은 무의미하다.

대규모 전투에서도 강한 군세軍勢를 등에 업고 전투에서 이기려고 생각하는데 적군도 강력한 군세를 갖추고 전투 역시 강하게 하려고 한다. 그것은 어느 쪽이나 마찬가지다. 전투에서는 올바른 이치가 아니고는 이길 수 없다.

내 니토이치류의 길에서는 무리한 것은 조금도 생각하지 않고 병법의 지력에 따라 어떻게든 승리를 쟁취하는 것이 중요하다. 깊이 연구해야 한다.

# 다른 유파에서 짧은 다치를 사용하는 것

길이가 짧은 다치만으로 승리하려는 생각도 올바른 길이 아니다. 예전부터 다치와 가타나(당시에는 짧은 다치를 사용하는 유파도 꽤 많았다. 참고로 다치는 가타나보다 약간 길고 휘어 있다)로 구별하여 길고 짧음을 나타냈다.

힘이 장사인 사람은 긴 다치도 가볍게 휘두를 수 있기 때문에 굳이 짧은 것을 선호하지는 않는다. 왜냐하면 길다는 점을 활용해서 창이나 장검을 사용하기 때문이다. 짧은 다치로 상대가 휘두르는 다치의 빈틈을 노려서 베려고, 뛰어들려고, 잡으려고 하는 따위의 마음은 한쪽으로 치우쳐서 좋지 않다.

또 적의 빈틈을 노리려다가 오히려 선수를 빼앗겨서 적과 혼전 상태에 놓일 수도 있으므로 바람직하지 않다. 게다가 짧은 다치로 적진에 뛰어들어 적을 잡으려고 하는데 적의 수가 많으면 감당하지 못한다.

짧은 다치에만 익숙한 사람은 많은 적을 상대로 다치를 휘두르며 자유롭게 뛰어다니려고 해도 길이가 긴 다치의 공격을 받아 수세에 몰릴 수 있다. 이는 확실한 길이라고 할 수 없다. 같은 경우라면 자신의 몸은 강하고 곧게 유지한 채 적을 쫓아다니며 물러나게 하고 당황하도록 만들어 확실하게 이기는 것이 중요하다.

대규모 전투에서도 같은 이치다. 다수의 병력으로 적을 불시에 습격하여 그 자리에서 궤멸시키는 것이 최상의 병법이라고 할 수 있다.

병법을 배울 때 평소 치고 빠지고 물러나는 법만 익히면 그 습관이 몸에 배어 자칫 끌려다니기 쉽다. 병법의 길은 곧고 올바른 것이므로 올바른 이치로 적을 공격하고 사람을 따르게 하는 정신이 중요하다. 위의 사실을 잘 연구해야 한다.

# 다른 유파에 다치의 기술이 많다는 것

다른 유파에서 사람들에게 수많은 다치 사용법을 전달하고 있는 것은 병법을 상업적으로 이용하는 것에 지나지 않고, 칼 쓰는 기술을 많이 알고 있다고 초심자들에게 자랑하기 위해서일 뿐이다. 하지만 병법에서는 바람직하지 않다.

왜냐하면 남을 공격하는 방법이 너무 많으면 오히려 혼란을 주기 때문이다.

세상에서 사람을 베는 데 다름이란 없다. 병법을 아는 사람도, 모르는 사람도, 여자아이라도 치고 베는 방법은 많지 않다. 조금 색다른 방법으로는 옆으로 후려쳐서 쓰러뜨리거나 찌르는 정도가 있을 뿐이다. 궁극적으로 적을 베는 것이 병법의 길이기 때문에 그 방법은 많지 않다.

그러나 장소나 상황에 따라서, 예를 들어 위나 옆이 막혀 있는 곳에서는 다치가 벽에 부딪히지 않도록 들고 있어야 하기 때문에 다섯 방향이라 해서 다섯 가지 방법은 있다.

그 외에 손을 비튼다든지, 몸을 뒤튼다든지, 날아올라서 적을 베는 방법은 참된 길이 아니다. 사람을 베는 데 비틀어서는 벨 수 없고, 뒤틀어서도 벨 수 없다. 아무 도움이 되지 않는 방법이다.

나의 병법에서는 자신의 자세와 마음을 똑바로 하고 적의 균형을 깨뜨려서 평정을 잃게 만들어 승리를 이끄는 것이 중요하다. 이 사실을 깊이 새겨두길 바란다.

# 다른 유파에서 다치의 자세를 이용하는 것

다치의 자세 잡는 법을 우선으로 생각하는 것은 잘못된 생각이다. 세상에서 말하는 '자세'는 적이 없을 때나 적용된다.

왜냐하면 예로부터의 선례라든가, 요즘 세상의 방법이라 해서 정해진 예를 만드는 것은 승부의 길에선 있을 수 없는 일이기 때문이다. 적을 불리한 상황으로 몰아넣는 것이 승부의 길이다.

'자세'란 어떤 경우에도 움직이지 않는 확고한 태도를 취하기 위한 경계심이다. 성을 짓거나 진陣을 친다는 것은 상대의 공격을 받아도 가만히 움직이지 않는 상태를 말한다. 병법에서 말하는 승부의 길에서는 선수를 치는 것이 무엇보다도 중요하다. 자세를 취하는 것은 상대가 선수를 치기를 기다리는 상태라고 할 수 있다. 이 점에 대해서 충분히 생각할 필요가 있다.

병법에서 승부의 길은 상대의 자세를 흔들어놓고 적이 예상하지 못하는 곳을 공격해서 적을 당황하게 만들고, 화나고 두려움에 떨게 하는 등, 적을 혼란에 빠지게 해서 승리를 얻는 것이다. 따라서 자세를 잡고 있는 것은 선수를 빼앗기는 것이기에 바람직하지 않다.

이런 이유로 니텐이치류의 길에서는 '자세가 있으면서도 자세가 없다'고 하는 것이다.

대규모 전투의 경우에도 상대 병력의 많고 적음을 고려하고, 싸움터의 상황을 잘 파악한 뒤 아군의 병력 정도를 판별하고 그 장점을 살릴 수 있도록 편성하여 전투를 개시하는 것이 전투에서는 가장 중요한 일이다.

적에게 선수를 빼앗기면 자신이 선수를 치는 경우와 비교해 몇 배의 차이가 생긴다. 다치로 자세를 잡고 적의 다치를 막아내며 버티려고 생각하는 것은 창이나 긴 다치와 같은 것을 들고 울타리를 치고 있는 것처럼 움직이지 못하는 것과 마찬가지다. 적을 공격할 때는 반대로 울목을 뽑아내고 창이나 긴 다치를 대신해서 쓸 정도의 기세가 중요하다. 위의 사항을 잘 알아두길 바란다.

# 다른 유파에서 주목한다는 것

'주목한다'고 해서 유파에 따라 적의 다치를 주목하는 것, 또 손을 주목하는 것, 혹은 얼굴, 발 등을 주목하는 것도 있다. 이처럼 특별히 어딘가를 주목하려고 하면 마음에 동요가 생겨서 병법의 장애물이 된다.

예를 들어, 공을 차는 사람은 공을 주목하는 것도 아닌데 여러 가지 고난도의 기술을 발휘할 수 있다. 공을 다루는 데 익숙해지면 공 자체를 볼 필요가 없다.

또 곡예 등을 하는 사람도 그 길에 숙련되면 문짝을 코 위에 세우거나 칼을 마음대로 휘두를 수 있는데, 이 역시 눈을 딱 고정시키고 그것만 보고 있기 때문이 아니라 평소의 부단한 연습으로 자연스럽게 그렇게 된 것이다.

병법의 길에서도 그때그때 적과의 싸움에 익숙해지면 상대의 마음을 헤아릴 수 있고, 무예의 길을 터득하면 다치의 멀고 가까움, 빠름과 느림까지 자연스럽게 잘 보이게 된다. 병법에서 주목한다는 것은 상대의 심리 상태를 읽어내기 위해서는 마음의 눈을 가동시킨다는 것이라 할 수 있다.

대규모 전투에서도 적군의 형세에 주목할 필요가 있다. 관觀과 견見의 두 가지 눈 중에서 관의 눈, 즉 마음의 눈을 강화하여 적의 마음을 꿰뚫어보고 현장 상황을 살핀 뒤 형세에 주목하여 전투에서 어느 쪽이 유리한지 판단하고, 그때그때 적군과 아군의 강하고 약함을 파악해서 확실한 승리의 길로 이끌어야 한다.

대규모 전투든 일대일의 싸움이든 작은 것에 주목할 필요는 없다. 작은 것을 주목하다가 자칫 큰 것을 간과해서 승리를 놓칠 수 있으니 주의해야 한다. 이상의 이치를 잘 검토해서 수련할 필요가 있다.

# 다른 유파에서 발을 움직이는 방법

발을 움직이는 방법에는 뒤축이 들린 발, 날아갈 듯 빠른 발, 뛰어오르는 발, 지르밟는 발, 크게 좌우로 날듯이 뛰어오르는 발 등등 여러 가지 발을 빠르게 사용하는 방법이 있다.

이것은 모두 나의 병법에서 보면 바람직하지 않다. 왜냐하면 기교를 부린 발놀림은 한쪽 발에 편중을 가져오고 다치를 휘두를 때 몸의 균형을 무너뜨리기 때문이다.

뒤축이 들린 발을 싫어하는 이유는 싸움을 할 때 틀림없이 발을 띄우고 싶어 하기 때문에 발을 단단히 디디고 있을 필요가 있다.

또 날아갈 듯 빠른 발을 좋아하지 않는 이유는 날아갈 듯한 자세를 취할 때는 정지 자세가 되어 빠르게 움직인 직후에 다음 동작의 자유를 잃기 때문이다.

뛰어오르는 발은 뛰어오른다는 마음이 있기 때문에 승부를 내기 힘들다.

지르밟는 발은 기다리는 자세가 되어 적에게 선수를 빼앗길 수 있는 발 사용법이라 바람직하지 못하다.

이밖에도 크게 좌우로 날듯이 뛰어오르는 발은 늪, 습지, 계곡, 자갈길, 좁은 길 등에서도 적과 대결하는 경우가 있기 때문에 장소에 따라서는 뛰어오르지도 못하고, 빠르게 움직일 수도 없다.

나의 병법에서 발을 움직이는 방법은 싸울 때나 평상시나 별 차이가 없다. 평소 길을 걷는 것처럼 적의 박자에 따라서 서두를 때와 가만히 있을 때의 몸 상태에 맞춰 넘치지도 부족하지도 않게 걸음이 흐트러지지 않도록 해야 한다.

대규모 전투에서도 발을 움직이는 방법은 중요하다. 왜냐하면 적의 작전을 모르는 상태에서 무턱대고 서두르면 박자가 깨져 이길 수 없기 때문이다.

또 발의 움직임이 너무 늦으면 적이 갈팡질팡하며 동요하는 것을 보지 못해서 승기를 놓쳐 빠르게 승부를 결정지을 수 없다. 적이 갈팡질팡하며 무너지는 상황을 잘 판단해서 적에게 조금의 여유도 주지 않고 승리를 이끌어내는 것이 중요하다. 이 점에 대해서 충분히 단련해야 한다.

# 다른 병법에서 빠른 것을 중시하는 태도

병법에서 빠르다는 것은 참된 길이 아니다. 빠르다는 것은 어떤 일에서 박자가 맞지 않기 때문에 빠르다거나 느리다고 하는 것이다.

한 분야에서 고수라 불리는 사람의 동작은 결코 빨라 보이지 않는다.

예를 들어 하루에 400리에서 500리를 가는 파발꾼이 있다고 하자. 그 사람도 아침부터 밤까지 하루 종일 빨리 달리는 것은 아니다. 미숙한 사람의 눈에는 하루 종일 달리고 있는 것처럼 보이지만 실제로는 그렇지 않다.

가면 음악극의 경우에도 뛰어난 사람이 부르는 노래는 여유가 있고 미숙한 사람이 부르는 노래는 어딘지 모르게 서두르는 느낌이 든다. 또 조용한 곡인 〈노송老松〉도 서투른 사람이 북을 치면 어쩐지 쫓기는 듯한 기분이 든다. 〈고사高砂〉는 빠른 박자의 곡이지만 북을 너무 빨리 치는 것은 바람직하지 않다. 서두르다 넘어진다는 말이 있듯이 박자가 딱 맞지 않는다. 물론 느린 것도 좋지 않다.

고수들의 행동은 여유가 있어 보이지만 그렇다고 느림보 같은 느낌을 주지는 않는다. 무슨 일이든 능숙한 사람이 하는 행동은 서두른다는 느낌이 없고 적당하다. 위의 예를 통해서 그 이치를 알아야 한다.

특히 병법의 길에서는 지나치게 빠른 것만을 추구하는 것은 좋지 않다. 장소에 따라서, 가령 늪이나 습지에서는 몸도 다리도 빠르게 움직일 수 없다. 더구나 다치를 빨리 휘두를 수도 없다. 빨리 휘두르려고 해도 부채나 작은 칼을 휘두르는 것이 아니기 때문에 손재주를 부려서 베어봐야 전혀 벨 수 없다. 잘 분별해야 한다.

대규모 전투에서도 무턱대고 서두르는 것은 좋지 않다. 기선을 제압하는 기분으로 여유 있게 행동해야 한다.

또 상대가 무턱대고 서두른다는 느낌을 받았을 때는 반대로 평온한 상태를 유지하여 상대에게 끌려가지 않는 것이 중요하다. 위의 사항을 마음으로 공부하고 단련할 필요가 있다.

# 다른 유파의 기본과 비법

병법에서 무엇을 기본이라 하고 무엇을 비법이라 할 수 있을까? 무예에 따라 비법 전수라 해서 그 기술을 비법이니 초보니 하며 나누고 있는데, 적과 싸울 때는 기본으로 싸우고 비법으로 죽이는 것이 아니다.

나의 병법에서는 처음 배우는 사람에게 그 사람의 기술과 능력에 맞춰서 쉽게 이해할 수 있는 이치부터 먼저 알려준 후 이해하기 어려운 이치는 나중에 이해력이 향상된 시점을 파악하고 나서 알려주도록 배려하고 있다.

그러나 대개는 적과 싸우면서 체험한 것을 상기시키는 것이라 비법이니 기본이니 하고 나눌 것은 없다.

예를 들어 산에 갔을 때 산속으로 좀 더 들어가고 싶어서 길을 물으면 오히려 다시 입구 쪽으로 돌아가야 하는 경우가 있다. 어떤 길에서든 안으로 들어가야 비로소 얻는 것도 있고, 초보의 마음가짐으로 임해야 좋은 경우도 있다. 특히 전투에서는 무엇을 비법으로 은밀히 전수하고 무엇을 공개할 수 있단 말인가.

그런 이유로 나의 비법을 전하는 데 있어 나는 서약서 따위를 남기는 것은 좋아하지 않는다. 배우는 사람의 지력에 따라서 병법의 진수를 배우는 사이 여러 가지 다른 유파의 결점을 버리고 자연스럽게 진정한 무사의 길을 있는 그대로 배울 수 있는, 의심하지 않는 마음을 가지는 것이 내 병법의 길이다. 위의 내용을 잘 단련해야 한다.

이상 다른 유파의 병법에 대해서 모두 아홉 개 조항으로 나누어 〈바람의 권〉에 기록했다. 처음에는 하나하나의 내용에 대해서 입문부터 그 속에 담긴 깊은 의미까지 자세히 설명할 생각이었지만 굳이 어떤 유파의 어떤 비법인지는 밝히지 않았다.

그 이유는 각각의 유파가 갖는 독특한 방식에 의한 판단과 이론은 사람에 따라 마음이 가는 대로 변명의 여지가 있을 수 있고, 같은 방식이라도 견해의 차이가 생길 수 있기 때문에 훗날을 위해서라도 어떤 유파, 어떤 계통이라는 것은 쓰지 않은 것이다.

그리고 다른 유파의 개요를 아홉 개의 특징으로 나눠보았다. 세상의 상식적인 이치에서 볼 때 길이가 긴 다치를 선호하거나 짧은 다치에 얽매이고, 혹은 강약에 사로잡히고, 거칠거나 소심하게 구는 것 따위는 모두 편향된 길이라는 것은 어느 유파의 어느 단계라고 쓰지 않아도 모두 알 수 있을 것이다.

내 니텐이치류에서는 다치의 사용법에 기본도 비법도 없다. 심오한 뜻을 지닌 자세 또한 없다. 다만 올바른 정신에 따라서 병법의 덕을 몸에 익히는 것이 중요하다는 사실을 기억하길 바란다.

쇼호 2년 5월 12일

데라오 마고노조에게

신멘 무사시

공의

권

니텐이치류 병법의 길에 대해서 이 〈공의 권〉에 기록하겠다. 공空이란 아무것도 없고, 인간이 알 수도 없는 경지를 의미한다. 물론 공은 '없다'는 뜻이다. 있는 것을 알고 비로소 없는 것을 아는 것이 바로 공이다.

세상의 속된 관점에서는 무언가를 판단할 수 없는 것을 공이라고 보지만, 이것은 진정한 공이 아니다. 모두 혼란스러운 마음이다.

병법의 길에서도 무사로서 길을 가는 데 무사의 본분을 모르는 것은 공이 아니고, 여러 가지로 혼란스러워서 그것을 해결할 수 없는 것을 공이라 하지만, 이것은 진정한 의미의 공이 아니다.

무사는 병법의 길을 확실히 습득하고 그 외의 무예도 익혀서 무사가 가는 길을 밝히고, 잘 이해해야 한다. 또 마음의 흔들림 없이 항상 부지런히 지혜와 기력을 갈고 닦아 마음의 눈을 맑게 하여 미혹의 구름이 걷힌 깨끗한 상태야말로 참된 공이라는 것을 깨달아야 한다.

참된 길을 모를 때는 불교의 법도든 세상의 법칙이든 상관 않고 자기만 옳다고 생각하지만, 진실한 마음의 길로 세상의 기준에 맞춰보면 개인의 마음과 견해가 비뚤어짐으로써 옳은 길을 등지는 것이다.

그것을 잘 분별하여 올바른 정신을 근본으로 진실한 마음을 길로 삼아 병법을 폭넓게 실행하고 바르고 분명하게 대세를 판단할 수 있는 능력을 갖춘 후 공을 길로, 길을 공으로 보아야 한다.

공의 마음에는 선이 있지만 악은 없다. 지혜를 갖추고, 이치를 알고, 길을 깨달아야 마음은 비로소 공이 된다.


쇼호 2년 5월 12일

데라오 마고노조에게

신멘 무사시

# 미야모토 무사시와
# 《오륜서》

미야모토 무사시의 《오륜서》는 손무의 《손자병법》, 카를 폰 클라우제비츠의 《전쟁론》과 함께 세계 3대 병법서로 인정받고 있다. 또한 일본 정신의 근원을 이룬 최초의 책이라는 평가도 받고 있다.

그러나 병법서를 집필했다고 해서 무사시를 손무나 오자서와 같은 병법가로 국한해서 생각하면 안 된다. 일본에서의 병법이란 무구 즉, 병기를 다루는 기술을 뜻한다. 따라서 무사시를 병법가보다는 무예가, 검술가로 봄이 마땅하다 하겠다. 무사시는 검술 수행을 통해 얻은 지식과 실전 경험을 통해 얻은 성공(승리) 노하우를 바탕으로 《오륜서》를 집필한 것이다.

참고로 우리나라의 병법과 같은 뜻으로 일본에서는 군략軍略이라는 말로 표현하고 있다.

미야모토 무사시는 사무라이侍(무사)의 나라 일본에서 수많은 사무라이 중 첫째로 꼽히고 있다. 무사시가 스스로 밝히길 젊은 시절 60여 차례의 결투에서 단 한 번도 패한 적이 없다고 하니 그 평가가 심하게 과장되었거나 왜곡된 것은 아닌 듯하다.

《오륜서》는 그런 무사시가 자신이 세운 니텐이치류를 세상에 알리고자, 후세에 남기고자, 나이 예순이 되어 집필하기 시작한 책이다.

말년에 몸을 의탁하게 된 호소카와 다다토시細川忠利에게 자신의 니텐이치류를 정리한 〈병법 35개조〉를 바쳤는데,《오륜서》는 이 〈병법 35개조〉를 근간으로 하여 살을 덧붙여서 집필한 것이다. 다시 말해서 〈병법 35개조〉의 개정·증보판이 바로 《오륜서》라 할 수 있겠다.

《오륜서》에는 단순히 칼을 들고 싸우는 기술만 나열된 것이 아니라 일대일의 결투에서도 다수와 다수의 전쟁에서도 승리하기 위한 전략과 전술을 비롯해 승부에 임해서 개인이 가져야 할 마음가짐, 상대를 대하고 요리하는 요령, 어떠한 승부에서도 이기기 위한 평소의 노력과 자세, 위기에 몰렸을 때의 대처법 등등 승리(성공)를 위한 다양한 방법들이 소개되어 있다.

이런 이유로 《오륜서》는 병법서뿐만 아니라 자기계발서, 경영전략서 등으로도 널리 읽히고 있다.

이를 알 수 있는 증거로 잭 웰치 전 제너럴 일렉트릭 회장은 《오륜서》를 "위대한 세계적 군사이론 서적이며 이 책에 서술된 전술 원칙은 성공을 위한 기업은 물론 개인에게도 훌륭한 귀감이 된다."고 극찬한 바 있다.

1848년 우타가와 구니요시가
그린 미야모토 무사시

# 미야모토 무사시의 생애

옛날 사람들이 흔히 그렇듯 미야모토 무사시의 출생과 관련된 정확한 기록은 없다. 다만 미야모토 무사시가 집필한《오륜서》를 통해 출생년도를 추정할 수 있을 뿐이다. 그는《오륜서》의 서문에서 1643년에 나이 예순이 되었다고 했다. 이를 역산하면 1584년에 태어났다는 것을 알 수 있다.

무사시의 출생지 또한 확실하지 않다. 일본에서는 대중적으로 워낙 유명한 인물이라 미야모토 무사시의 출생지라고 주장하는 곳이 여럿 있다. 그러나 현재로서는 오카야마 현岡山縣 오하라초大原町, 효고 현兵庫縣 다이시초太子町와 가코가와 시加古川市 정도가 유력하나 결정적인 증거는 없다.

어려서는 시치노스케, 도모지, 다케조 등으로 불렸고, 아버지는 짓테十手의 달인이라 알려진 신멘 무니사이新免無二齋이다.

무사시는 아버지에게 짓테 술을 배우고 어려서부터 병법에 많은 관심을 보이다 열세 살 때 첫 결투를 벌였다. 상대는 신토류의 검객 아리마 기헤에로 그에게 승리하고, 열여섯 살 때는 다지마의 강력한 검객 아키야마 아무개와 결투를 벌여 역시 멋지게 승리를 거두었다.

13세 때의 무사시. 그림의 오른쪽 상단에 열세 살 때 아리마 기헤에를 타살했을 때의 초상이라 쓰여 있다.

열일곱 살 때 도쿠가와 이에야스德川家康가 일본의 패권을 차지하고 에도江戶 막부幕府 정권을 세우는 기반이 된 세키가하라關ヶ原 전투에 참전했다고 하나 확실한 근거는 없다.

'세키가하라 전투'로부터 4년이 지난 1604년에는 교토로 가서 검술의 명문 집안인 요시오카 일문의 당주黨主 요시오카 세이주로吉岡淸十郎와 그의 동생 덴시치로傳七郎와의 결투에서 승리를 거두었다. 아시카가 막부足利幕府의 '쇼군 사범將軍師範'을 지낸 요시오카 일문을 단신으로 초토화시키며 사람들 사이에 미야모토 무사시라는 이름을 본격적으로 알리게 된 것이다.

이후로도 전국 각지를 돌아다니며 각 유파의 고수들과 결투를 벌였지만 단 한 번도 패하지 않았다. 그런 와중에 자신의 검술 유파인 엔메이류圓明流를 창시하기도 했다.

그리고 1612년 4월 13일, 마침내 미야모토 무사시의 최대 숙적인 사사키 고지로佐佐木小次郎와의 전설적인 '간류지마巖流島 결투'가 벌어진다. '간류지마 결투'에서 무사시는 일부러 약속시간보다 늦게 나타나 고지로를 초조하게 만들어 심리적 우위를 점하였다.

간류지마 결투

여기에서 무사시는 고지로의 트레이드 마크인 1미터 50센티미터의 장검長劍 모노호시자오物干竿에 맞서 배의 노를 깎아 만든 목검으로 이겼다고 한다. 무사시와 마찬가지로 이때까지 한 번도 패한 적이 없던 고지로는 무사시의 일격에 첫 패배이자 마지막 패배로 최후를 맞이한 것이다.

그런데 무사시는 '간류지마 결투' 이후 다른 유파와의 검술시합은 일체 하지 않았다. 요시카와 에이지吉川英治의 소설《미야모토 무사시》의 마지막 장면이 '간류지마 결투'인 것도 이 때문이다.

이후 무사시는 1614년 '오사카 겨울 전투', 1615년 '오사카 여름 전투' 등 도쿠가와 이에야스가 도요토미 히데요시豊臣秀吉의 추종 세력을 소탕하는 전투에 여러 차례 참전한 것으로 알려져 있으나 그가 도쿠가와 편이었는지, 도요토미 편이었는지는 확실하지 않다.

'오사카 여름 전투' 이후에는 각지를 돌아다녔다는데 에도江戶에서는 도장을 열었다고도 한다. 나중에 무사시의 양자가 되는 이오리伊織를 만나게 된 것이 이때다.

1637년, 규슈의 시마바라島原에서 아마쿠

간류지마 결투에서 사용한 목검이라 전해지는 '노 목검'

사 시로天草四郎가 주도한 농민과 기독교도에 의한 반란이 일어났다. '시마바라의 난'이다. 마침 규슈의 고쿠라小倉에 있던 무사시도 진압군에 가담했으나 별다른 전과를 올리지 못하고 다리 부상만 입고 말았다.

1640년에는 병법을 좋아하고 무武를 숭상하는 인물인 구마모토熊本의 번주藩主 호소카와 다다토시細川忠利의 초청을 받아 그에게 몸을 의탁하고, 이듬해 평생 동안 닦아온 병법 니텐이치류의 진수를 기록한 〈병법 35개조〉를 다다토시에게 바쳤다.

무사시는 일개 검객으로서가 아닌, 자신의 병법 수행을 통해 얻을 수 있는 정치·경제적 이상을 다다토시를 통해 만인이 도움을 받을 수 있도록 실천해보려고 했을지도 모른다. 그러나 믿었던 다다토시가 불행하게도 56세의 젊은 나이로 갑자기 죽자 실의에 빠진 무사시는 모든 세속적인 야심을 버리고 구마모토의 교외에 있는 긴푸 산金峰山의 레이간도靈巖洞 동굴에 들어가 좌선 및 저술 활동에 몰두하였다.

《오륜서》는 이 레이간도 동굴에서 1643년 10월부터 쓰기 시작하여 1645년에 집필을 마쳤다. 그리고 1645년 6월 13일,

지바 성의 자택에서 제자들이 지켜보는 가운데 임종을 맞이하였다. 향년 62세.

죽기 며칠 전에는《오륜서》와 함께〈독행도〉를 제자인 데라오 마고노조에게 전해주었다고 한다.

# 독행도

〈독행도獨行道〉는 미야모토 무사시가 죽기 일주일 전에 써서 제자에게 남긴 것이라 한다. 그러나 유언 같은 것이 아니라 그 이름대로 홀로(獨) 걸어온(行) 길(道)이라는 뜻으로 무사시만의 독자적인 생활방식을 21개조로 나타낸 것으로 보이며, 스스로에게 맹세하는 글이라 해서 〈자철서自誓書〉라고도 불리고 있다.

21개조의 내용은 아래와 같다


1. 세상의 도리를 거스르지 않는다.

2. 몸의 편안함을 꾀하지 않는다.

3. 모든 일에 의지하는 마음을 갖지 않는다.

4. 자신을 얕게 생각하고 세상을 깊게 생각한다.

5. 평생 욕심을 부리지 않는다.

6. 자신이 한 일에 후회하지 않는다.

7. 선과 악으로 남을 시샘하지 않는다.

8. 어느 길에서도 헤어짐을 슬퍼하지 않는다.

9. 자타自他 모두에게 원망하는 마음을 갖지 않는다.

10. 연모하는 마음을 갖지 않는다.

11. 어떤 일이든 특별히 좋아함이 없다.

12. 거처할 집을 바라지 않는다.

13. 내 한 몸을 위한 미식美食을 바라지 않는다.

14. 값어치가 될 만한 골동품을 소유하지 않는다.

15. 흉한 징조에도 몸을 사리지 않는다.

16. 무기 외에는 자신만의 도구를 고집하지 않는다.

17. 어떤 길을 가는 데 있어서 죽음을 두려워하지 않는다.

18. 노후를 대비해 재물을 축적하지 않는다.

19. 부처님을 경배하되 의지하지 않는다.

20. 목숨은 버려도 명예와 자긍심은 버리지 않는다.

21. 늘 병법의 길에서 벗어나지 않는다.

〈독행도〉 원본

# 예술가 미야모토 무사시

〈고목명격도〉

아호를 니텐二天이라 칭하는 무사시는 화가와 조각가로도 일본 미술사상에서 빼놓을 수 없는 인물이다. 특히 수묵화에는 뛰어난 솜씨를 발휘했는데, 국가 중요문화재로 지정된 〈고목명격도〉, 〈노안도〉 등을 봐도 어설프게 화가 흉내를 내는 것이 아니라 이런 천재가 또 있을까 싶을 정도로 상당한 경지에 이르렀음을 알 수 있다.

현재 남아 있는 작품의 대부분은 말년에 그린 것으로 추정되며 주요 그림으로는 〈제도鵜図〉(두견새 그림), 〈정면달마도正面達磨図〉, 〈면벽달마도面壁達磨図〉, 〈문복포대도捫腹布袋図〉(배를 어루만지는 그림), 〈노안도芦雁図〉(기러기 그림), 〈노

〈노안도〉

엽달마도芦葉達磨図〉, 〈야마도野馬図〉(야생마 그림), 〈고목명격
도枯木鳴鵑図〉(고목 위의 까치 그림),〈주무숙도周茂叔図〉, 〈유압
도遊鴨図〉(오리가 노니는 그림), 〈포대도布袋図〉, 〈포대관투계
도布袋観闘鶏図〉 등이 있다.

무사시가 만든 공예품 중에서는 검은 옻칠을 한 안장과 간

류지마 결투에서 사용한 목검을 모형으로 만들었다는 목검, 무사시의 검에 붙어 있던 것이라고 하는 날밑 등이 전해지고 있다. 또 〈부동명왕〉을 조각한 것도 남아 있다.

〈포대관투계도〉

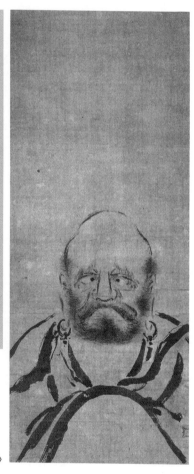

〈정면달마도〉

날밑

무사시가 만든 옻칠 안장

〈부동명왕〉

# 오
# 륜
# 서

한국어판 ⓒ 도서출판 잇북 2019

1판 1쇄 발행 2019년 3월 15일
1판 2쇄 발행 2023년 3월 31일

지은이  미야모토 무사시
옮긴이  김대환
펴낸이  김대환
펴낸곳  도서출판 잇북

편집     김랑
디자인  한나영

주소 (10908) 경기도 파주시 소리천로 39, 파크뷰테라스 1325호
전화 031)948-4284
팩스 031)624-8875
이메일 itbook1@gmail.com
블로그 http://blog.naver.com/ousama99
등록  2008. 2. 26  제406-2008-000012호

ISBN 979-11-85370-23-1  03390

이 도서의 국립중앙도서관 출판예정도서목록(CIP)은 서지정보유통지원시스템 홈페이지
(http://seoji.nl.go.kr)와 국가자료공동목록시스템(http://www.nl.go.kr/kolisnet)에서 이용하
실 수 있습니다.(CIP제어번호: CIP2019007313)

※ 값은 뒤표지에 있습니다. 잘못 만든 책은 교환해드립니다.